DR. MATTHIAS SCHLÖRHOLZ

Bienenwachs & Wachskreislauf

UMFASSENDES WISSEN UND PRAKTISCHE ANLEITUNG ZUR WACHSAUTARKEN IMKEREI

MIT KOSMOS MEHR ENTDECKEN

IN VIER SCHRITTEN

zum eigenen Wachs

SEIT 1822

INHALT

VORWORT

Zu Beginn meines Imkerdaseins habe ich – wie so manch anderer Jungimker auch – einen Wachskurs durchlaufen. Schon damals habe ich erahnt, welche Faszination von dem Wachs unserer Bienen ausgehen wird. So war eine meiner ersten Entscheidungen bei der Suche nach meiner eigenen Imkerweise der Aufbau eines eigenen Wachskreislaufes. Anfangs mag vorrangig mein beruflicher Hintergrund des Chemikers durchgeblitzt sein beim Wunsch, sich intensiver mit Wachs zu befassen. Daraus entwickelt hat sich jedoch schnell eine tiefe Wertschätzung dem Wachs gegenüber. Ebenso wie Honig sollte Bienenwachs in einer Imkerei als zweites wichtiges Naturprodukt mit Sorgfalt behandelt werden, um es möglichst naturbelassen verarbeiten zu können.

NUTZEN DES BUCHES

Dieses Buch soll auf Basis eines eigenen Wachskreislaufes helfen, diesem Anspruch gerecht zu werden. Gleichzeitig habe ich versucht, Bienenwachs aus physikalischer und chemischer Sicht zu beleuchten. Dabei habe ich mich auf die in der imkerlichen Praxis relevanten Wachseigenschaften konzentriert. An mancher Stelle bin ich in eine fachlich unübliche Tiefe gegangen – auch um den einen oder anderen Widerspruch aus der gängigen Literatur auflösen zu können. Entstanden ist ein vergleichsweise umfangreicher, theoretisch geprägter Buchteil, der thematisch auch auf das „Wunder" der Bienenwabe eingeht. Dieser erste Teil steht ein wenig im Kontrast zum zweiten, praktisch orientierten Buchteil, in dem die Arbeitsschritte in einer kleineren Imkerei beim Umgang mit Bienenwachs beschrieben und in den Zyklus des Wachskreislaufes eingebettet sind. Dennoch oder gerade deshalb ergänzen sich beide Teile gegenseitig – sind aber jeweils im Wesentlichen in sich abgeschlossen. Dadurch wird das spätere Nachschlagen zu dem einen oder anderen Thema deutlich erleichtert, da etwa die praktischen Beschreibungen nicht unnötig durch wissenschaftliche Erklärungen unterbrochen werden.

Bei der Umsetzung der Arbeitsschritte sind sowohl meine eigenen als auch eine Vielzahl an Ideen von anderen Personen eingeflossen. Und natürlich spiegeln sich in der Beschreibung auch meine eigenen Gewohnheiten und Arbeitsroutinen wider. Es wird mit Sicherheit weitere Ideen geben, wie man den einen oder anderen Arbeitsvorgang vereinfachen oder erleichtern kann. Jeder Imker ist daher aufgerufen, sich bei der Umsetzung des eigenen Wachskreislaufes seine eigenen Gedanken zu machen und sie in seine eigene Arbeitsweise einzubauen. – Das allerdings wird, so wie ich meine Imkerkollegen kennengelernt habe, selbstredend passieren. „Denn", so schreibt R. DUTLI in seinem „Lied vom Honig" [1] etwas humorvoll, „Imker sind Hobby-Priester im Tempel der Natur, stille Philosophen, faszinierende Eigenbrötler. Und gleichsam Teilhaber einer weltweiten Verschwörung, die eine Art Geheimwissen verwalten."

ERFAHRUNG UND ÜBERLIEFERUNG

Gemeinhin erschließt sich uns die Kunstfertigkeit eines typischen Imkers also als eine Mischung aus Erfahrung und Überlieferungen, durchmengt mit mysteriösen Weisheiten. Dies klingt zunächst etwas befremdlich, stellt jedoch in Wahrheit einen enormen Schatz dar. Noch heute „hänge“ ich an den Lippen erfahrener Imker, wenn diese zu erzählen beginnen.
Beim Schreiben eines Buches ist es mitunter aber schwierig, zwischen Imkerwissen und „imkerlicher Folklore“ zu unterscheiden. Von dieser Folklore – wir können es auch „gefühltes Wissen“ oder „gesichertes Bauchgefühl“ nennen – geht allerdings eine Faszination aus, die vielleicht sogar den Charme der Imkerei ausmacht. Auch ich bin beim Schreiben dieses Buches an der einen oder anderen Stelle dieser Faszination erlegen und habe unbelegte Aussagen aufgenommen. Möglicherweise habe ich sogar mit meinen Erklärungen oder Vermutungen ungewollt die Basis für neue Imkersagen geschaffen. Daher wurden diese Stellen entsprechend als Vermutung oder als nicht belegte Angaben gekennzeichnet und sollten kritisch hinterfragt und diskutiert werden.

PROFITIEREN VOM AUSTAUSCH

Ich selbst war und bin dankbar für Diskussionen, die ich vor und während der Entstehung dieses Buches, insbesondere mit meinen Imkerkollegen und Freunden Karin Özbilen aus Reilingen und Günther Martin aus Ketsch geführt habe. Ebenso für die Gespräche und Einblicke, die mir Sabine und Stefan Lindner aus Duisburg in die Wachsverarbeitung und Herr Dr. Ingo Scholz aus Celle in die Wachsanalytik gewährt haben. Ein besonderer Dank gilt der Firma Heinrich Holtermann aus Brockel für die unkomplizierte und praktische Unterstützung für dieses Buchprojekt.
Zum Gelingen dieses Projekts hat auch Anna Auerbach aus Kreuzau beigetragen, die sich als Photographin von Hunden und Pferden einen exzellenten Ruf erarbeitet hat. Für dieses Buch hat sie sich auf das Wagnis eingelassen, von den großen Tieren zu unseren kleinen krabbelnden und fliegenden Baumeister zu wechseln. Herausgekommen sind nicht nur brillante Aufnahmen der Bienen und ihrer Bauwerke, sondern auch eine gleichermaßen ansprechende wie aussagekräftige Illustration der Arbeitsschritte im Wachskreislauf.

Matthias Schlörholz mit seinem Lastenrad.

TEIL 1: BIENENWACHS

INHALTSSTOFFE

Wachse bilden keine eigene chemische Stoffklasse wie Salze, Säuren oder Kohlenhydrate, sondern werden über die physikalischen und mechanischen Eigenschaften definiert. Dadurch können Wachse aus den unterschiedlichsten Stoffen und Stoffgemischen bestehen. Obwohl die meisten Wachse heutzutage synthetisch hergestellt werden, ist die Definition eines Wachses immer noch eng an die physikalischen Eigenschaften des Bienenwachses angelehnt. Bienenwachs kann somit als das Ur-Wachs bezeichnet werden, was auch an der gemeinsamen Wortherkunft[1] von Wachs und Wabe zu erkennen ist.

In diesem ersten Teil – man könnte ihn auch theoretischen Teil nennen – soll das Bienenwachs, dessen Bestandteile und Eigenschaften, genauer beschrieben werden.[2] Die relativ detaillierten Erklärungen ermöglichen bei entsprechendem Interesse einen intensiveren Einblick in die jeweilige Thematik und werden dazu mit den zugehörigen Literaturstellen untermauert. Diese zum Teil recht alten Quellenangaben sollen nicht nur eine weitere Vertiefung erleichtern, sie sollen auch die Personen würdigen, die durch ihre Arbeiten zum Verständnis des Bienenwachses, wie wir es heute haben, entscheidend beigetragen haben.

Nicht zuletzt möchte dieser Buch-Abschnitt die Faszination, die vom Bienenwachs, dessen Herstellung und natürlich dem Bau der Bienenwaben ausgeht, weiterreichen. Ein umfangreiches Wissen über Bienenwachs kann dabei helfen, ein Verständnis für dieses wunderbare Naturprodukt zu entwickeln.

NATURPRODUKT BIENENWACHS

Bienenwachs ist ein Naturprodukt, also ein homogenes und definierbares Stoffgemisch. Das bedeutet, dass Bienenwachs kein Reinstoff, sondern aus vielen unterschiedlichen Inhaltsstoffen zusammengesetzt ist. Diese Zusammensetzung (oder anders gesagt: die Rezeptur) von Bienenwachs ist aber über die in Europa beheimateten Honigbienen-Rassen hinweg nahezu identisch. Und es lässt sich unabhängig von Jahreszeiten oder vom Lebensraum der Bienen chemisch recht gut beschreiben. Bis auf kleinere Abweichungen in den Verhältnissen der Inhaltsstoffe zueinander ist Bienenwachs somit praktisch stets die gleiche Substanz und besitzt als Stoffgemisch sogar eine eindeutige CAS-Nummer.[3] Erst das macht es möglich, dass wir Fremdwachs zukaufen bzw. Wachs von verschiedenen Bienenvölkern mischen und unseren Bienen als Mittelwände zurückgeben können.

Bevor es die heutigen chemischen Analysemethoden gab, trennte man Bienenwachs

1 Der Name Wachs stammt vom alt- und mittelhochdeutschen wahs (für Wachs) und geht auf das indogermanische ueg (für Geflecht, Gewebe) zurück. Ebenfalls aus ueg bzw. ueks entwickelt sich althochdeutsch wabo (urspr. uuabo [69], für flechten, weben), mittelhochdeutsch waba (für Wabe, Bienenwabe; später auch Wachsscheibe) [70].

2 Alle in diesem Abschnitt gemachten Angaben sind auf die Westliche Honigbiene (Apis mellifera) bezogen.

3 Der Chemical Abstract Service (CAS) wurde von der American Chemical Society gegründet und vergibt jeder bestehenden und neu publizierten chemischen Verbindung oder jedem Stoffgemisch eine eindeutige Nummer.

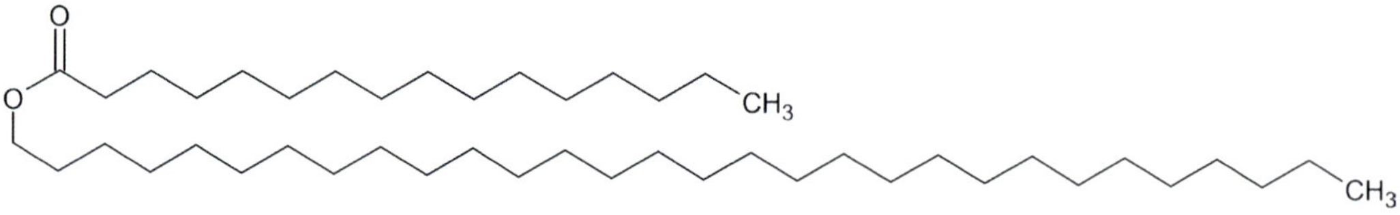

Strukturformel des Palmitinsäuremyricylesters. Das Molekül ist aus zwei langen Kohlenwasserstoff-Ketten (Zickzack-Ketten) aufgebaut, die über eine „Ester-Einheit" -(CO)-O- mit den beiden Sauerstoff-Atomen („O") verbunden sind. Das Molekül wurde zur besseren Darstellung gefaltet gezeichnet.

mithilfe ihrer unterschiedlichen Löslichkeiten. Dem in Alkohol schwer- oder unlöslichen Teil wurde der schöne Namen Myricin [2] gegeben, der lösliche Teil wurde Cerin [3] genannt. Heute wissen wir, dass Myricin und Cerin aus ähnlichen Stoffen zusammengesetzt sind – nur dass die Moleküle dieser Stoffe im Myricin größer bzw. langkettiger und damit unlöslicher sind. Den größten Anteil am Myricin hat der Stoff mit der etwas sperrigen Bezeichnung Palmitinsäuremyricylester. – Wie man sieht, geht mit der modernen Stoffanalytik auch ein wenig Poesie verloren.

STOFFGRUPPE	ANTEIL (GEW. %)
Carbonsäure-Ester	67
Kohlenwasserstoffe	14
Carbonsäuren (Fettsäuren)	12
Alkohole	1
andere Substanzen	6

Tabelle 1: Typische Zusammensetzung von Bienenwachs [5].

HAUPTBESTANDTEILE VON BIENENWACHS

Gänzlich unpoetisch lassen sich die Bestandteile des Bienenwachses überwiegend in vier Stoffgruppen aus der organischen Chemie unterteilen: Kohlenwasserstoffe, langkettige Carbonsäuren (auch Fettsäuren genannt) und Carbonsäure-Ester sowie geringe Mengen von ebenfalls langkettigen Alkoholen. Innerhalb jeder dieser Stoffgruppen finden sich viele verschiedene Substanzen, die sich vor allem in der Länge ihrer Moleküle unterscheiden. Wie das Beispiel des Palmitinsäuremyricylesters mit der Summenformel $C_{15}H_{31}-(CO)-O-C_{30}H_{61}$ können die einzelnen Moleküle im Bienenwachs aus 46 und mehr Kohlenstoff-Atomen aufgebaut sein. Dieser Ester ist mit einem Anteil von etwa 8 % [4] eine der häufigsten Substanzen im Bienenwachs, das zu etwa zwei Dritteln[4] aus ähnlichen Carbonsäure-Estern (siehe Tabelle 1) besteht. Durch die eingebauten Sauerstoff-Atome erhalten die Kohlenwasserstoff-Verbindungen, insbesondere die Carbonsäuren und Carbonsäure-Ester, einige der chemischen Eigenschaften, die beim Umgang mit Bienenwachs von Interesse sind. Im Kapitel „Oxidieren und Verseifen" (ab S. 35 ff.) werden diese Eigenschaften ausführlich beschrieben.

4 Diese Angabe schließt auch die Dimer- und Trimer-Ester sowie Hydroxy-Ester ein.

DIE ORGANISCHE CHEMIE DES BIENENWACHSES

Unter organischer Chemie wird allgemein die Chemie der Kohlenwasserstoff-Verbindungen verstanden. Der Grund, warum Kohlenstoff und Wasserstoff eine eigene Chemie begründen, liegt in der praktisch unendlich großen Anzahl an Verbindungen, die sich aus diesen beiden Elementen herstellen lassen. Organische Verbindungen besitzen dabei häufig Ketten von Kohlenstoff-Atomen („C"), die im einfachsten Fall mit zwei Wasserstoff-Atomen („H") pro Kohlenstoff ergänzt werden. Befindet sich an zwei benachbarten C-Atomen jeweils nur ein H-Atom, wird dieser Bereich im Molekül als „ungesättigt" bezeichnet (siehe auch Peroxidzahl).

1 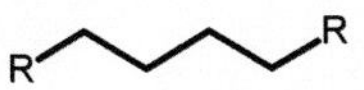

2 

3 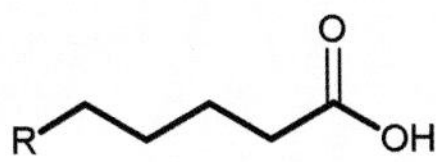

4 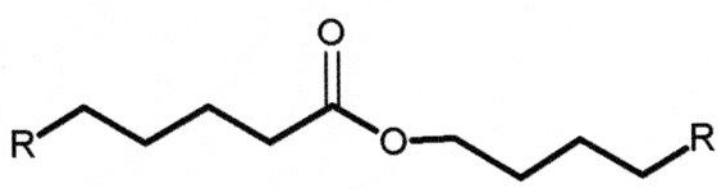

Die vier organischen Stoffgruppen, aus denen Bienenwachs überwiegend besteht.

1 Aliphatische Kohlenwasserstoffe

2 Alkohole

3 Carbonsäuren

4 Carbonsäure-Ester

Eine CH_3- oder Methyl- Gruppe markiert das Ende einer „Zickzack"-Kette. „R" und „R´" sind Platzhalter für beliebige Atomgruppen und stellen im Fall des Bienenwachses unterschiedlich lange Fortsetzungen der „Zickzack"-Kette dar (Alkyl Reste). Die Unterschiede der einzelnen Bestandteile des Bienenwachses unterscheiden sich somit in der Anzahl und Position der Sauerstoff-Atome („O") sowie in der Länge der Kohlenwasserstoff-Ketten (Zickzack-Ketten). In der Chemie werden diese Ketten vereinfacht als Zickzack-Linie gezeichnet, wobei jede Ecke ein Kohlenstoff-Atom und jeder Strich eine Kohlenstoff-Kohlenstoff-Bindung (C-C-Bindung) beschreibt. Der Wasserstoff wird zumeist bei dieser vereinfachten Darstellung weggelassen. Kommen weitere Elemente hinzu – sog. Hetero-Atome wie Sauerstoff („O") oder Stickstoff („N") – nimmt die Komplexität zu, und auch die chemischen Eigenschaften der Moleküle werden vielfältiger.

Die meisten Inhaltsstoffe des Bienenwachses bestehen aus mehr oder weniger langen, aber stets unverzweigten Kohlenstoffketten mit wenigen oder keinen Sauerstoff-Atomen (Hetero-Atome) und zählen daher zu den einfachen organischen Molekülen. Komplexere Moleküle sind z. B. verzweigt oder besitzen Kohlenstoff-Ringe, die wiederum zu noch komplexeren Molekülen verknüpft sein können.

Neben den langkettigen Kohlenwasserstoff-Verbindungen besteht Bienenwachs aus weiteren Stoffen, wie Aromen oder Zusätzen der Bienen (z. B. Enzyme oder Pollen-Öle), die einen Anteil von etwa 6 % des Bienenwachses ausmachen und in ihrer Zusammensetzung bienen-, regionen- oder trachtenspezifisch variieren können. Insgesamt besteht Bienenwachs aus über 300 verschiedenen Substanzen, von denen die 20 häufigsten etwa 50 % der Gesamtmasse ausmachen. Die meisten der Inhaltsstoffe kommen also nur in sehr geringen Mengen vor. Bienenwachs ist hingegen frei von Mineralien (also anorganischen Bestandteilen) und verbrennt daher aschefrei.

KOHLENWASSERSTOFFE

Innerhalb der organischen Chemie umfasst die Gruppe der Kohlenwasserstoffe (KW) Moleküle, die ausschließlich aus Kohlenstoff und Wasserstoff bestehen und keine Hetero-Atome besitzen. In der Regel sind dies lange Ketten von Kohlenstoff-Atomen, an die Wasserstoff-Atome angeknüpft sind. Zur deutlichen Abgrenzung zu komplexeren Kohlenwasserstoff-Verbindungen (z. B. Carbonsäuren, Alkoholen oder Estern) werden sie auch als aliphatische Kohlenwasserstoffe oder Aliphate[5] bezeichnet. Wie der Begriff schon erahnen lässt, sind Kohlenwasserstoffe extrem schlecht in Wasser löslich, also sehr unpolare Verbindungen. Diese Eigenschaft wird bei der Bestimmung des Masseanteils der Kohlenwasserstoffe im Bienenwachs ausgenutzt (siehe Kapitel „Gesamt-Kohlenwasserstoff", S. 24 f.). Zu den Kohlenwasserstoffen zählen z. B. die kettenförmig aufgebauten Alkane sowie Alkene, die eine oder mehr ungesättigte C=C-Doppelbindungen besitzen. Dort „fehlen" zwei Wasserstoff-Atome, wodurch die Alkene an dieser Stelle z. B. mit Sauerstoff reagieren können (siehe Kapitel „Oxidieren und Verseifen", S. 35 f.). Die C-C-Ketten der Kohlenwasserstoffe können grundsätzlich verzweigt oder auch ringförmig aufgebaut sein – im Bienenwachs sind die Kohlenwasserstoffe jedoch ausnahmslos als einfache Ketten aufgebaut.

Die kleinsten und einfachsten Kohlenwasserstoffe sind die um jeweils ein Kohlenstoff-Atom größer werdenden Gase Methan (C_1), Ethan (C_2), Propan (C_3) und Butan (C_4). Ab dem linear aufgebauten n-Pentan (C_5) sind die Alkane bei Raumtemperatur flüssig, ab dem (unverzweigten) Octadecan (C_{18}) fest. Im Bienenwachs kommen ausschließlich die festen KWs vor, wobei die häufigsten Kohlenwasserstoffe die C_{25}-, C_{27}-, C_{29}-, C_{31}-Alkane [6] sind. Es ist unschwer zu erkennen, dass die Alkane mit ungerader Anzahl an Kohlenstoff-Atomen deutlich dominieren. Der Grund dafür liegt in der Biosynthese (siehe hintere Umschlagklappe) von Fettsäuren und Alkanen [7].

5 von griechisch aleiphar = fettig

ALKOHOLE

Ähnlich wie die Alkane sind auch die Alkohole aus Kohlenwasserstoff-Ketten aufgebaut. Allerdings besitzen Alkohole ein zusätzliches Sauerstoff-Atom, das zwischen einem C-Atom und einem H-Atom platziert ist (siehe Skizze 2 in Kasten auf S. 11). Bei den natürlich vorkommenden, langkettigen Alkoholen ist dieser Sauerstoff zumeist endständig, also am ersten (oder letzten) Koh-

Die Inhaltsstoffe des Wachses variieren je nach Standort und Sammelgebiet.

lenstoff-Atom platziert. Alkohole werden namentlich durch die Endung „-ol" gekennzeichnet. Die Sammelbezeichnung lautet somit Alkan-ol-e.

Durch die so entstandene OH- oder Hydroxy-Gruppe bekommen die Alkohol-Moleküle im Vergleich zu aliphatischen Kohlenwasserstoffen einen polaren Charakter (siehe auch Kapitel „Löslichkeit und Polarität", S. 31), der jedoch mit zunehmender Kettenlänge schwächer wird. Bei den kleineren Alkoholen wie dem Methanol (C_1) oder dem uns bekannten Trinkalkohol Ethanol (C_2) reicht die Polarität jedoch aus, um sie mit Wasser mischen zu können. Die Alkohole im Bienenwachs sind ähnlich wie die Bienenwachs-Alkane deutlich länger, wasserunlöslich und bei Raumtemperatur fest. Aus diesem Grund werden die langkettigen Alkohole oftmals auch Fettalkohole genannt.

Im Bienenwachs sind die meisten Fettalkohole mit Carbonsäuren zu Estern gebunden. Nur etwa 1 % der Masse des Bienenwachses besteht aus freien, also nicht-gebundenen Alkoholen. Fettalkohole im Bienenwachs sind einwertig. Das heißt, sie besitzen nur eine Hydroxy-Gruppe und können jeweils nur mit einer Carbonsäure zu den sog. Monoestern reagieren. Dies ist ein wesentlicher Unterschied von Wachsen zu Fetten. Während Wachsester aus einer Carbonsäure und einem höheren bzw. längeren Alkohol (Fettalkoholen) bestehen, sind Fette ausschließlich aus Estern mit dem dreiwertigen Alkohol Glycerin aufgebaut. Glycerin besitzt drei OH-Gruppen und kann entsprechend mit drei Carbonsäuren reagieren. Fette bestehen somit aus Triestern, Wachse nur aus Monoestern. Der in den Estern des Bienenwachses am häufigsten vorkommende Alkohol ist der C_{30}-Alkohol Myricylalkohol.

CARBONSÄUREN

Auch die Stoffklasse der Carbonsäuren besteht aus Kohlenwasserstoff-Ketten, an denen jedoch zwei Sauerstoff-Atome angeknüpft sind. Neben einer Hydroxy-Gruppe ist bei einer Carbonsäure ein weiteres Sauerstoff-Atom an demselben Kohlenstoff-Atom über eine Doppelbindung gebunden (siehe Strukturen im Kasten). Damit besitzt das zweite Sauerstoff-Atom kein Wasserstoff-Atom wie bei der Hydroxy-Gruppe (-OH). Durch diese Molekülstruktur ändern sich gegenüber einem aliphatischen Kohlenwasserstoff zwei wesentliche Eigenschaften. Zum einen ist dieser Bereich des Moleküls stark polar und hat damit z. B. eine relativ hohe Affinität zu Wasser. Zum anderen wird die Bindung des Wasserstoff-Atoms in der Hydroxy-Gruppe geschwächt, wodurch eine Carbonsäure relativ leicht ein Proton (positiv geladenes Wasserstoff-Ion) abgeben kann. Die Fähigkeit, ein Proton zeitweise abzugeben, ist dabei gleichzusetzen mit dem sauren Charakter eines Moleküls.

Eine Carbonsäure trägt also ihren „Säure"-Namen zu Recht, da sie im Wasser sauer reagiert. Allerdings muss die Carbonsäure dazu in Wasser gelöst sein, was bei den langen Carbonsäuren im Bienenwachs auch geschieht – jedoch nur in heißem Wasser und nur in einem sehr geringen Umfang. Dennoch besteht dadurch beim Arbeiten mit Bienenwachs die Gefahr, dass Carbonsäuren im Kontakt mit heißem Wasser verseifen können (siehe Kapitel „Oxidieren und Verseifen", S. 35, sowie Kasten dort).

Carbonsäuren besitzen im Bienenwachs – wie bei nahezu allen natürlichen Fettsäuren[6] – eine gerade Anzahl an Kohlenstoff-Atomen (siehe hintere Umschlagklappe) [8]. Die häufigsten, nicht gebundenen Fettsäuren sind die C_{24}-, C_{26}-, C_{28}- und C_{30}-Carbonsäuren[7] und machen zusammen knapp 9 % der Masse des Bienenwaches aus [4]. Ein kleiner Teil der Carbonsäuren trägt eine zusätzliche Hydroxy-Gruppe (-OH) an der Kohlenwasserstoff-Kette (siehe Struktur 2, Kasten rechts). Diese sog. Hydroxycarbonsäuren sind Grundlage für die Bildung von Mehrfachestern im Bienenwachs (siehe unten).

An dieser Stelle sei erwähnt, dass die in der Imkerei verwendeten bzw. in diesem Buch erwähnten, aber im Bienenwachs nicht vorkommenden Säuren Ameisensäure, Oxalsäure und Essigsäure ebenfalls zu den Carbonsäuren (aber nicht zu den Fettsäuren) zählen. Allerdings unterscheiden sich deren Eigenschaften erheblich von denen der Fettsäuren (zum Vergleich der Carbonsäuren siehe Tabelle 2).

CARBONSÄURE-ESTER

Ester sind, wie schon erwähnt, das Reaktionsprodukt von Alkoholen und Carbonsäuren. Bei dieser Reaktion entsteht zudem ein Wassermolekül, das sich aus dem H-Atom des Alkohols und der HO-Gruppe der Säure bildet. Daher wird eine solche Reaktion auch Kondensations-Reaktion genannt. Solche Reaktionen sind unter bestimmten Bedingungen reversibel. Das heißt, sie können vorwärts wie rückwärts stattfinden. Bei der Rückreaktion wird ein Wassermolekül benötigt, weshalb man von Hydrolyse spricht. Diese Reaktion ist für Imker von einiger Bedeutung, wie in Kapitel „Oxidieren und Verseifen" beschrieben wird.

Bienenwachs besteht zu etwa zwei Dritteln aus solchen Estern. Dominiert werden die Ester von der Palmitinsäure (C_{16}). Das ist insofern bemerkenswert, da die Palmitinsäure als freie Carbonsäure [4] im Bienenwachs praktisch nicht vorkommt (siehe hin-

6 Ab einer Länge von vier Kohlenstoff-Atomen werden Carbonsäuren auch Fettsäuren genannt. Carbonsäuren mit sehr langen Kohlenwasserstoff-Ketten mit 22 und mehr Kohlenstoff-Atomen werden auch als Wachssäuren bezeichnet.

7 Vorherrschend ist nach [25] die Lignocerinsäure (C_{24}) mit etwa 6 % Masseanteil.

		WASSERLÖSLICHKEIT (20°C)	SÄURESTÄRKE [PK_S]
Lignocerinsäure Cerotinsäure Montansäure Melissinsäure	C_{24}-Carbonsäure C_{26}-Carbonsäure C_{28}-Carbonsäure C_{30}-Carbonsäure	sehr gering	≥ 4,96*
Milchsäure	C_3-Hydroxy-Carbonsäure	unbegrenzt mischbar	3,90
Ameisensäure	C_1-Carbonsäure	unbegrenzt mischbar	3,77
Essigsäure	C_2-Carbonsäure	unbegrenzt mischbar	4,76
Oxalsäure	C_2-Dicarbonsäure	90 – 100 g/L	1,23 ($pK_{S,2}$ = 4,19)

* Auf Basis der C_9-Carbonsäure Pelargonsäure, der längsten, bei Raumtemperatur flüssigen Alkansäure. Mit zunehmender Länge der Kohlenwasserstoff-Kette einer Carbonsäure nehmen auch die pK_S-Werte leicht zu, die Säurestärke nimmt also ab.

Tabelle 2: Vergleich der wichtigsten Fett- bzw. Wachssäuren im Bienenwachs und weiterer Carbonsäuren aus der imkerlichen Praxis.

1 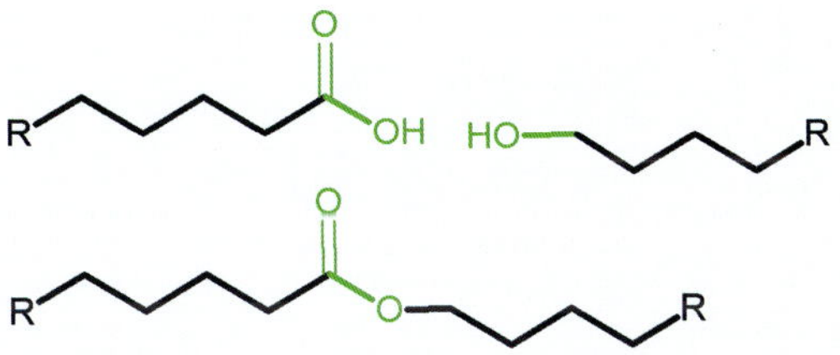

1 Struktur-Formeln einer Säure und einem Alkohol (1) sowie der sich daraus gebildete Ester (2). Die reaktiven bzw. reagierten Bereiche in den Molekülen sind hier und in den folgenden Strukturen zur besseren Übersicht grün markiert.

2 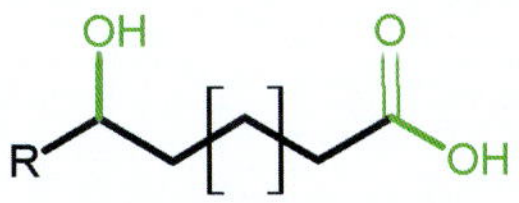

2 Allgemeine Molekülstruktur von Hydroxy-Carbonsäuren, bei denen eine zusätzliche Hydroxy-Gruppe (-OH) an ein Kohlenstoff-Atom in der Kohlenwasserstoff-Kette gebunden ist. Die eckige Klammer schließt unterschiedlich lange Kohlenwasserstoff-Ketten ein, sodass mit dieser einen allgemeinen Struktur alle im Bienenwachs vorkommenden Hydroxy-Carbonsäuren beschrieben sind.

3 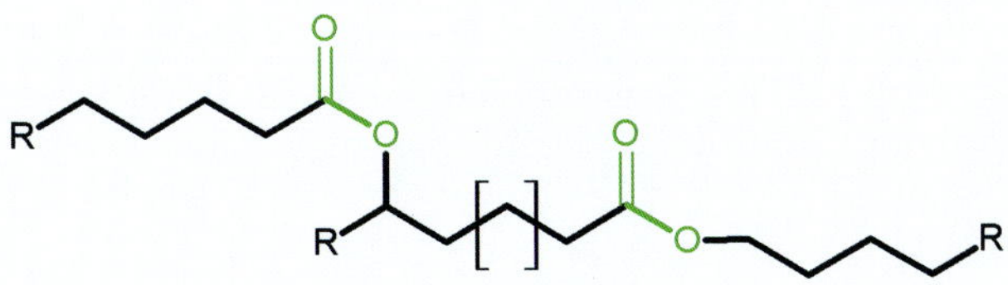

3 Die zusätzliche OH-Gruppe in einem Hydroxy-Carbonsäure-Ester kann mit einer weiteren Carbonsäure reagieren (verestern). Auf diese Weise kann sich ein Dimer-Ester bilden.

4 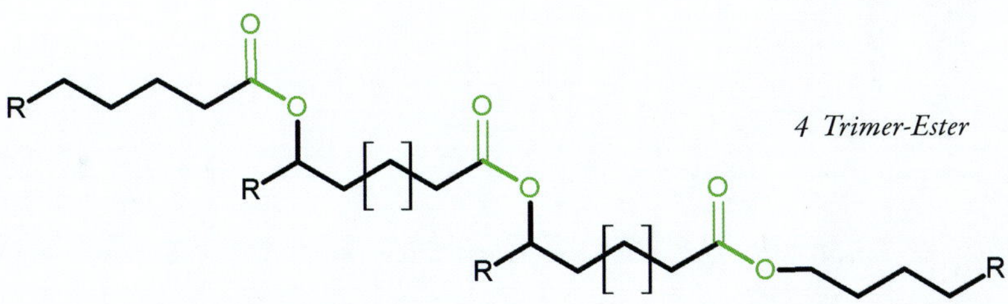

4 Trimer-Ester

Interessanterweise bestimmt das Verhältnis von Carbonsäuren und Hydroxy-Carbonsäuren die mittlere Länge der von der Biene gebildeten Ester. Ist eine Carbonsäure ohne Hydroxy-Gruppe in einen solchen Ester eingebaut, kann dieser Ester nicht mehr wachsen. Ein hoher Anteil an einfachen Carbonsäuren begrenzt somit die mittlere Länge der Mehrfach-Ester, während Hydroxy-Carbonsäuren das Wachsen einer Kette ermöglichen. Würde also – als Gedankenspiel – eine Biene in ihren Wachsdrüsen ausschließlich Hydroxy-Carbonsäuren produzieren, könnte sie damit theoretisch einen Vielfach-Ester oder auch Poly-Ester herstellen.
Glücklicherweise hat aber die Evolution den Bienen ein optimales Verhältnis der beiden Säuren „mitgegeben", sodass das Bienenwachs eine optimale mittlere Esterlänge und damit optimale Eigenschaften für den Wabenbau besitzt. Es ist darüber hinaus zumindest hypothetisch vorstellbar, dass Bienen durch Erhöhen oder Senken der Produktion von Hydroxy-Carbonsäuren gewisse Eigenschaften des Bienenwachses leicht verändern können – aber auch das soll an dieser Stelle nur eine Gedankenspielerei bleiben.

tere Umschlagklappe). Damit sind die in Estern gebundenen Carbonsäuren im Mittel deutlich kurzkettiger als die freien, nicht gebundenen Carbonsäuren. Dennoch erreichen die Ester eine Länge von 46 und mehr Kohlenstoff-Atomen.
Im Bienenwachs finden sich überwiegend Monoester, d. h. es ist jeweils eine Carbonsäure mit einem Alkohol verbunden. Daneben existieren auch Dimer- oder sogar Trimer-Ester.[8] Dabei hängen aber nicht wie bei den Fetten mehrere Carbonsäuren an einem zentralen, mehrwertigen Alkohol. Vielmehr besitzen einige Carbonsäuren im Bienenwachs in ihren Kohlenwasserstoff-Ketten eine zusätzliche OH-Gruppe. So existiert beispielsweise neben der häufig im Bienenwachs anzutreffenden Palmitinsäure auch deren „Hydroxy"-Variante – die Hydroxy-Palmitinsäure.
Es entsteht somit eine Verkettung von zwei Carbonsäuren. Solche Dimer-Ester besitzen im Bienenwachs eine Kettenlänge von 56 bis 64 Kohlenstoff-Atomen. Ebenso können noch längere Ester gebildet werden. Und in der Tat bestehen etwa 3 % des Bienenwachses aus Trimer-Estern mit weit über 70 Kohlenstoffatomen.

DIE „SEELE" DES BIENENWACHSES

Die in dem vorangegangenen Kapitel beschriebenen Stoffe machen einen Großteil der Masse des Bienenwachses aus. Die noch fehlenden etwa sechs Prozent werden demgegenüber häufig als „unbestimmt" oder „undefiniert" beschrieben. Tatsächlich besteht dieser „Rest" grob geschätzt aus etwa der Hälfte der insgesamt über 300 identifizierten Stoffe im Bienenwachs. Eine solche große Vielfalt der Inhaltsstoffe ist typisch für Naturprodukte. Auch wenn viele dieser Substanzen die chemischen Eigenschaften kaum beeinflussen, sind sie dennoch entscheidend für den Charakter des Bienenwachses verantwortlich. Ohne diese vielen kleinen Zutaten wäre unser Bienenwachs nur ein normales Wachs. Die „Seele" des Bienenwachses steckt somit in dessen inhaltlicher Vielfalt.
Viele dieser Inhaltsstoffe sind thermisch instabil oder bei höheren Temperaturen flüchtig. In der Hitze – etwa beim Entseuchen – zersetzen sich oder verschwinden daher einzelne Bestandteile. Daher sollte man Bienenwachs nur so viel wie nötig und so kurz

8 In anderen Quellen werden diese Mehrfach-Ester auch als Di- oder Triester bezeichnet, was aber mit Blick auf die dreiwertigen Ester der Fette irreführend ist. Daher soll an dieser Stelle die passendere Bezeichnung der Dimere, Trimere usw. verwendet werden. Diese Bezeichnung steht für Moleküle, die zu einer längeren Kette verknüpft sind, wie beispielsweise auch die Polymere.

Das Wabenwachs ist nicht an allen Stellen identisch, es variiert innerhalb der Beute.

wie möglich erhitzen, um den ursprünglichen Charakter, den Duft und die Farbe des Bienenwachses zu erhalten.

Auf seinem Weg vom frisch ausgeschwitzten Jungfernwachs zum Wabenwachs ändert sich die Zusammensetzung des Bienenwachses, was insbesondere für die Stoffgruppe der „weiteren Bestandteile" gilt. Zunächst werden von den Bienen beim Kauen der frisch ausgeschwitzten und proteinfreien Wachsplättchen über den Speichel Enzyme zugesetzt, sodass durch das mechanische Bearbeiten nicht nur die Kristallstruktur des Wachses geändert wird (siehe Kapitel „Wachsproduktion", ab S. 44 f.), sondern wohl auch chemische Reaktionen gestartet werden. Die Auswirkungen dieser Kauarbeit sind allerdings noch nicht vollständig geklärt. Dem Bienenwachs bleibt also an dieser Stelle ein Hauch des Geheimnisvollen erhalten.

Aber auch das Wabenwachs ändert sich im Laufe der Zeit, in der es sich in der Bienenbeute befindet, ohne dass das Wachs dazu erneut von den Bienen umgearbeitet wird. Dies ist beispielsweise deutlich an der allmählichen Verfärbung des Wabenwachses von nahezu farblosem Jungwachs über Gelb hin zu orangefarbigem Altwachs zu erkennen. Diese Veränderungen sind überwiegend die Folge von geringen Anreicherungen einiger Substanzen im Wachs, die unsere Bienen zuvor in die Waben einlagert haben. Auf diese Weise entsteht nicht nur die Farbe, sondern auch der charakteristische Duft des Bienenwachses.

Solche Anreicherungen sind unter bestimmten Bedingungen (siehe auch Kapitel „Löslichkeit und Polarität", S. 31) an der Grenzfläche zweier Phasen möglich. Dann können einzelne Substanzen, etwa Pollenöle, von der einen in die benachbarte Phase „wandern" (oder „migrieren"). Diese Migrationen sind bei Feststoffen in der Regel relativ langsam. Da aber die Waben zum einen recht lange in der Beute verweilen und zum anderen eine sehr große Oberfläche besitzen, findet eine solche „Wanderung" in einem merklichen Umfang statt. Als Folge ändert sich nicht nur Duft und Farbe des Bienenwachses, sondern auch ein wenig dessen mechanische Eigenschaften. So verliert Bienenwachs beispielsweise mit der Zeit seine Sprödigkeit, und das Wachs wird geschmeidiger. Daher kann es passieren, dass Mittelwände, die aus reinem Jungwachs hergestellt sind, leichter brechen als Mittelwände, denen etwas Altwachs beigemischt wurde.

RÜCKSTÄNDE UND VERUNREINIGUNGEN

Leider finden sich mitunter weitere Substanzen im Bienenwachs, die – einfach gesprochen – dort nichts zu suchen haben. Diese Stoffe stammen aus unterschiedlichen, aber allesamt „Bienen-unnatürlichen" Quellen. Neben der Landwirtschaft ist es vor allem die Imkerei selbst, die Rückstände von erlaubten oder unerlaubten Behandlungsmitteln gegen die Varroa-Milbe oder die Wachsmotte im Wachs hinterlässt. In den Fokus des imkerlichen Interesses ist das Bienenwachs aber vor allem aber durch Verfälschungen (siehe Kasten auf S. 21) geraten, die vorsätzlich in Bienenwachs gemischt wurden. Die Folgen von Verfälschungen lassen sich unmittelbar im Bienenvolk erkennen und führten zu einem anhaltenden Medien-Echo. Etwas langsamer und allmählicher ist dagegen das Bewusstsein für landwirtschaftliche und imkerliche Rückstände entstanden und wurde zuletzt durch die Erkenntnis verstärkt, dass sich bestimmte Rückstände im Bienenwachs auch negativ auf Bienenbrut und Honig auswirken können.

Die folgende Beschreibung der Bienenwachs-fremden Bestandteile unterscheidet zwischen unbeabsichtigt oder fahrlässig eingebrachten Fremdstoffen und aktiv zugeführten Fremdzusätzen (siehe auch Kasten).

FREMDZUSÄTZE VERSUS FREMDSTOFFE

Die hier beschriebenen Fremdzusätze könnten zwar auch als Fremdstoffe angesehen werden. In diesem Buch sollen die beiden Begriffe aber bewusst separat betrachtet werden.

Mit Fremdzusätzen sind kostengünstige Beimischungen wie Paraffine gemeint, mit denen Bienenwachs zumeist für technische Anwendungen gestreckt wird. Mitunter werden diese Zusätze aber auch aus kriminellem Antrieb in das Bienenwachs gepanscht, oder technisches Bienenwachs wird sorglos oder bewusst zur Herstellung von Mittelwänden verwendet. Durch Fremdzusätze wird das Bienenwachs aus Imkersicht verfälscht. Diese Verfälschungen lassen sich einfach ausschließen, indem der Imker nur auf bekanntes Wachs und damit am besten auf das eigene Wachs zurückgreift.

Fremdstoffe hingegen stammen aus dem Umfeld der Bienen bzw. sind teilweise in der Natur mehr oder weniger latent verteilt. Unter Umständen reichern sich Fremdstoffe im Bienenwachs an. Zu den Fremdstoffen zählen auch die Varroazide sowie andere Pestizide. Mit vielen dieser Fremdstoffe (insbesondere Spuren von Pflanzenschutzmitteln) muss der Imker permanent leben und kann nur versuchen, die Konzentration dieser Stoffe in Biene, Wachs und Honig zu minimieren.

Davon abzugrenzen sind Verschmutzungen, die als grobe (heterogene) Schmutzpartikel oder Einschlüsse im Wachs zumeist mit bloßem Auge erkennbar sind.

FREMDSTOFFE

Bei den Fremdstoffen im Bienenwachs handelt es sich überwiegend um von Menschenhand künstlich hergestellte und in die Natur ausgebrachte Pestizide (siehe hintere Umschlagklappe). Der Weg, auf dem diese Stoffe in die Bienenbeute und damit in das Bienenwachs gelangen, ist abhängig von ihrem Anwendungszweck. Zum einen werden Pestizide als Pflanzenschutzmittel aus der Landwirtschaft von den Bienen während ihrer Sammelflüge durch direkten Kontakt oder indirekt über Nektar bzw. Pollen eingeflogen. Zum anderen hat der Imker selbst große Mengen an Pestiziden in Form von Behandlungsmitteln in den Bienenstock eingebracht, bzw. bringt sie mitunter leider bis heute ein.

Einige dieser Behandlungsmittel sind fettlöslich. Sie können daher in das Bienenwachs migrieren und sich dort im Laufe der Zeit anreichern. Diese Stoffe lassen sich nicht auswaschen oder mit vertretbarem Aufwand aus dem Wachs entfernen. Bienenwachs speichert diese Fremdstoffe und ist somit quasi das Gedächtnis der Imkerei.

	WIRKSTOFF	PRÄPARAT	FETTLÖSLICH	BEMERKUNG
Organische Säuren	Ameisensäure	MAQS®, VarroMed®		
	Oxalsäure	VarroMed®, Oxuvar, Oxybee®, Bienenwohl®		Teilweise als Dihydrat
	Milchsäure			
	Amitraz	Apitraz®, Apivar®	+	
	Flumethrin	PolyVar Yellow®, Bayvarol®	+	
Natürliche Terpene (ätherische Öle)	Thymol	Apiquard®, Thymovar®, Apillife Var®	+	Tlws. in Spuren aus natürlichen Quellen im Bienenwachs enthalten.
	Eucalyptusöl	Apillife Var®	+	
	Campher		+	
	Levomenthol		+	

Tabelle 3: Wirkstoffe der in Deutschland zugelassenen Tierarzneimittel zur Behandlung von Bienenvölkern gegen Varroa-Milben.

Daher ist zumindest bei den Varroaziden der dauerhafte Verzicht dieser Stoffe der einzige Weg, sauberes Bienenwachs zu erhalten. Aber selbst dann lassen sich noch Jahre später Fremdstoffe im Wachs nachweisen – wenn auch aufgrund eines Verdünnungseffektes in geringeren Konzentrationen.

Für den Imker muss dies bedeuten, sich bei der notwendigen Behandlung von Milben und Motten auf wasserlösliche Stoffe zu beschränken, da sich diese Stoffe nicht im Wachs anreichern. Die Erfahrung hat uns gelehrt, dass das sehr gut möglich ist. Tabelle 3 zeigt die Wirkstoffe von in Deutschland zugelassenen Präparaten zur Behandlung gegen Varroa-Milben. Darunter befinden sich auch fettlösliche Stoffe, die allesamt bei Bienenwachs-Analysen regelmäßig gefunden werden. Darüber hinaus lassen sich im Bienenwachs auch weitere Fremdstoffe wie Paradichlorbenzol (bzw. 1,4-Dichlorbenzol), Fluvalinat, Brompropylat und DEET (Diethyl-m-toluamid) nachweisen, die teils unerlaubterweise zur Varroa- und Motten-Behandlung eingesetzt wurden.

Eine gewisse Sonderstellung ist dem Thymol zuzuschreiben. Dieses natürliche Mittel gegen die Varroa reichert sich sehr leicht im Bienenwachs an und wandert von dort aus auch in den Wabenhonig. Gleichzeitig ist Thymol aber auch recht flüchtig, sodass die Thymol-behandelten Waben gut belüftet nach einigen Monaten relativ unbelastet sind. Der Einsatz von Thymol verlangt daher eine etwas aufwendigere und gut durchdachte Wabenlagerung. Trotz alledem bleibt bei der Behandlung mit Thymol die Gefahr der Verschleppung in den Honig bestehen.

Etwas anders sieht die Situation bei den in der Landwirtschaft eingesetzten Pflanzenschutzmitteln sowie den latent verbreiteten Umweltgiften aus. Hier haben wir Imker

An dieser Stelle soll auf eine Diskussion über Grenzwerte oder ein Vergleich der Gesundheitsgefährdung versus akzeptabler Verzehrmengen verzichtet werden. Vielmehr ist es ein Ziel dieses Buches, ein Bewusstsein für die Problematik von Stoffen zu schaffen, die sich im Bienenwachs anreichern können. Gleichzeitig wird ein Weg aufgezeigt, mit dem auf den Einsatz solcher Fremdstoffe komplett verzichtet werden kann.
Wie eingangs bereits beschrieben wurde, gehören diese Stoffe nicht in unser Bienenwachs – ganz gleich, ob und in welcher Konzentration diese Stoffe für uns Menschen verträglich sind, nachdem sie aus dem Bienenwachs in den Honig migriert oder beim Schleudern mit kleinen Wachspartikeln in unsere Nahrung gelangt sind.

wenig oder keinen Einfluss auf die Anreicherung im Bienenwachs. Diese Stoffe werden durch die Bienen in die Bienenbeute eingetragen. Allerdings ist deren Konzentration bzw. deren Menge im Wachs in der Regel deutlich geringer als die Varroa-Behandlungsmittel. Damit soll aber die Problematik nicht schöngeredet werden. Vielmehr ist die Gefährdung der Bienen durch diese Fremdstoffe bereits in kleinsten Konzentrationen gegeben. Und es ist davon auszugehen, dass viele Bienen an der Wirkung der Pestizide sterben, bevor sie ihre gefährliche Last in die Beute bringen können.
Viele dieser Stoffe sind hydrophob, etwa die Gruppe der chlorierten Kohlenwasserstoffe wie DDT oder die Polychlorierten Biphenyle (PCB), von denen einige wiederholt in Bienenwachs-Proben gefunden wurden. Ebenso sind viele der kontrovers diskutierten Neonicotinoide[9] als fettlöslich einzustufen. All diese Stoffe sind also in der Lage, sich über die Zeit im Bienenwachs anzureichern, das somit wie ein Filter für diese Umweltgifte wirkt. Da der Imker dem praktisch nicht ausweichen kann, sollte das Wachs so kurz wie möglich in der Bienenbeute verbleiben, also regelmäßig ausgetauscht werden.
Das ebenfalls stark umstrittene Glyphosat ist hingegen wasserlöslich und stellt somit für die Bienenwachs-Thematik kein Problem dar. Was aber heißt, dass es sich direkt im Honig anreichern kann.

9 Der Einsatz der drei wirtschaftlich bedeutendsten Neonicotinoide Clothianidin, Thiamethoxam und Imidacloprid ist in der EU seit 2018 deutlich eingeschränkt. Thiacloprid hat 2020 seine Zulassung verloren.

Die eigene Wachsproduktion ist dem Einsatz von zugekauftem Fremdwachs vorzuziehen.

FREMDZUSÄTZE

Beim sog. Wachsskandal [9] (siehe auch Kasten) hat sich gezeigt, dass es recht einfach und offenbar auch lukrativ ist, ungeprüftes Bienenwachs zur Herstellung von Mittelwänden zu verwenden. Offensichtlich sind dabei selbst große Konzentrationen dieser Fremdzusätze nicht sofort und mit bloßem Auge erkennbar. Dennoch können die Folgen für die Bienen katastrophal sein. Im Gegensatz zu den meisten Fremdstoffen lassen sich Fremdzusätze vermeiden – einfach, indem sie nicht ins Wachs hineingemischt werden. Ein verantwortungsbewusster Imker wird das mit seinem Wachs auch nicht tun. Allerdings darf er – um Fremdzusätze mit Sicherheit ausschließen zu können – kein fremdes Wachs einsetzen (auch nicht „Opas alte Schätze" aus dem Keller). Und er darf sein Wachs zum Umarbeiten auch nicht „aus der Hand" geben. Das hieße in letzter Konsequenz auch, dass man Wachs entweder selbst umarbeitet oder nur von vertrauenswürdigen Personen aufbereiten oder zu Mittelwänden verarbeiten lassen darf.

Fremdzusätze sind ausnahmslos Bienenwachs-ähnliche Substanzen, um die Eigenschaften des Bienenwachses nicht oder nur geringfügig zu verändern. Grund für die Zusätze sind zumeist nicht krimineller Art, sondern dienen zur Herstellung von technischem Bienenwachs in unterschiedlichen Qualitäten mit entsprechend abgestuften Preisen. Zugesetzt werden vor allem Paraffine und Stearin.

Paraffine sind Mischungen aus einfachen Kohlenwasserstoffen, die so auch natürlich im Bienenwachs vorkommen (siehe Kapitel "Kohlenwasserstoffe", S. 12). Allerdings entspricht die Größenverteilung der Kohlenwasserstoffe im Paraffin nicht der Verteilung im Bienenwachs. Vor allem aber verändert sich durch die Zugabe von Paraffinen das Verhältnis der Kohlenwasserstoffe zu den anderen Stoffgruppen im Bienenwachs.

WACHSSKANDAL

Mitte der zwanziger Jahre wurde bekannt, dass größere Mengen von Mittelwänden aus minderwertigem Bienenwachs in den Imkerei-Handel gelangt sind. Zuvor häuften sich die Meldungen von Problemen in Bienenvölkern mit atypischen Symptomen. Mithilfe der chemischen Analyse der Mittelwände konnte nicht nur die Ursache für die besagten Probleme gefunden werden. Es wurde gleichzeitig eine Lawine in Rollen gebracht, die sich zum sogenannten Wachsskandal ausgeweitet hat.

Häufig beschriebene Symptome bei Bienenvölkern mit diesen Mittelwänden waren:

- Durchhängende, ggf. sogar schmelzende Bienenwaben
- Untypische Form der Wabenböden
- Verfärbung von unbebrüteten Waben.
- Überbauen von (halb-)fertigen Waben mit Propolis
- Chaotische und unstrukturierte Brutanlage auf den Waben
- Löchrige Brutwaben
- Tote, nicht geschlüpfte Jungbienen
- Stagnierende Volksstärke trotz guter Bedingungen
- Zusammenbrechen der Völker

Ursache für diese Probleme waren große Mengen von Paraffinen und Stearin im Bienenwachs. Solche Fremdzusätze werden genutzt, um das Wachs entsprechend billiger als „technisches Bienenwachs" auf dem Weltmarkt anbieten zu können. Mitunter wird aber auch aus kriminellem Antrieb dieses Billigwachs als reines Bienenwachs angeboten.

Dass diese, oftmals aus Importen stammenden Wachschargen zur Herstellung von Mittelwänden verwendet werden, ist jedoch erst aus einer Kombination von fehlenden Kontrollen und einer vorsätzlichen Sorglosigkeit auf Seiten mancher Umarbeiter möglich geworden.

Es ist leider davon auszugehen, dass ein Großteil des gepanschten Wachses nicht erkannt wurde und so zurück in den Kreislauf des Wachshandels gelangt ist bzw. weiterhin gelangen wird. Dadurch werden Paraffine und Stearin weiterhin im Bienenwachs zu finden sein – wenn auch in geringeren Konzentrationen.

Hinzu kommt, dass Paraffine in der Regel industrielle Produkte sind, die mit weiteren Fremdstoffen verunreinigt sein können. Beim Stearin handelt es sich um ein Gemisch, das im Wesentlichen aus Stearinsäure und Palmitinsäure besteht. Stearin wird durch Hydrolyse aus tierischen Fetten gewonnen und steht im Verdacht, die Bienenbrut in der Wabe derart zu schädigen, dass sie abstirbt und lückenhafte Brutbretter hinterlässt.
Diese oder ähnliche Fremdzusätze werden mit einiger Wahrscheinlichkeit in jedem im Handel erhältlichen Wachs enthalten sein. Denn abseits vom Wachsskandal hat das Strecken bzw. das Vermischen von Bienenwachs mit Paraffinen eine gewisse Tradition und auch Berechtigung. Je nach Anwendung kann das auch toleriert werden. So enthält Bienenwachs, das für die Verwendung als Kerzenwachs vorgesehen ist, bis zu 4 % Paraffine (siehe auch Kapitel „Gesamt-Kohlenwaserstoff", S. 24). Leider wird dieses Wachs als „reines Bienenwachs" vermarktet – wodurch sich der ein oder andere Imker schon hat täuschen lassen. Ein anderes Beispiel sind Wachse, die in Form von Mittelwänden als Bastelmaterial zum Rollen von Bienenwachskerzen angeboten werden. Solche Wachse sind billig, enthalten aber oftmals recht große Mengen an Paraffinen. Problematisch werden solche Wachse, wenn sie aus Unachtsamkeit oder schlichtweg aus Geiz in einer Imkerei Verwendung finden. Wir Imker sind also gut beraten, so wenig Wachs wie möglich zuzukaufen, was aber in der Regel auch nur zu Beginn der Imkerei zwingend notwendig ist. Zudem sollten nur Mittelwände mit einem aussagekräftigen Qualitätssiegel bzw. mit einem Analysenzertifikat eines unabhängigen Labors gekauft werden. Und dieses Fremdwachs sollte nach einigen Jahren mithilfe eines geschickten Wachskreislaufs wieder ausgeschleust werden.

Wachsprobe mit deutlich erkennbaren Schmutz-Einschlüssen.

SCHMUTZPARTIKEL

Bislang wurde bei der Beschreibung von Bienenwachs von einem homogenen Gemisch ausgegangen, bei dem sich also die einzelnen Bestandteile nicht erkennen lassen. Jeder Imker, der schon einmal mit Bienenwachs gearbeitet hat, wird aber wissen, dass spätestens beim Gießen grobe Verschmutzungen im Bienenwachs sichtbar werden. Dies können Staubpartikel, Teile der Nymphenhäutchen oder leider auch Körperteile verendeter Bienen sein. Häufig sind die größeren Partikel einfach zu erkennen, kleinere sind mitunter erst unter dem Mikroskop sichtbar. Die Menge der Schmutzpartikel lässt sich in der Regel durch wiederholtes Reinigen (siehe den zweiten Teil dieses Buches) auf ein Maß reduzieren, das für die spätere Verwendung des Bienenwachses geeignet erscheint. Das Wachs zum Kerzengießen sollte daher sicherlich weniger Schmutzpartikel besitzen als das Wachs für die Mittelwände. Völlig vermeiden lassen sich Schmutzpartikel im Bienenwachs in einer gängigen Imkerei kaum.

BIENENWACHS-ANALYTIK

Mit steigendem Wissen um den Zustand des Bienenwachses wurde auch das Interesse an geeigneten Analyse-Methoden stärker, mit denen sich die Zusammensetzung und damit auch die Qualität von Bienenwachs beschreiben lassen. Teilweise wurden auch neue Methoden entwickelt, etwa um verlässliche Aussagen über Art und Umfang der Verfälschungen machen zu können. Die folgenden Beschreibungen einiger Analyse-Verfahren sollen ein Einblick in die Thematik und dabei auch eine Hilfestellung bei der Interpretation von Wachsanalysen geben. Ebenfalls im Rahmen des Wachsskandals wurden immer wieder einfache Testmethoden beschrieben, die von Imkern selbst mit geringem Aufwand durchgeführt werden können [10, 11]. Diese Methoden muss man zum Teil als aussagelos (z. B. Kauen und Kreidetest) ansehen. Andere sind unzuverlässig (z. B. Geruch und Farbe) oder geben nur Hinweise bei stimmten Verfälschungen (z. B. Wässern), sodass unterm Strich diese Methoden nicht geeignet erscheinen, um Verfälschungen sicher nachzuweisen.

FETTKENNZAHLEN

Zur Beschreibung und Charakterisierung von Bienenwachs können neben einfachen Stoffparametern spezielle, sog. Fettkennzahlen herangezogen werden. Trotz des etwas irreführenden Namens sind einige dieser Kennzahlen aufgrund der chemischen Nähe von Fetten und Wachsen (siehe Kapitel „Alkohole“, S. 12) auch für Bienenwachs geeignet. Dies sind insbesondere die Säure- und Ester- und Verseifungszahl sowie mitunter auch die Peroxidzahl (siehe Kapitel „Oxidieren und Verseifen“, S. 35).

Säure- und Verseifungszahl werden indirekt über die Menge an Kaliumhydroxid ermittelt, die notwendig ist, um ein Gramm Fett bzw. Wachs zu neutralisieren. Die Verseifungszahl wird in wässriger Lösung, die Säurezahl in wasserfreiem Lösungsmittel bestimmt. Dadurch werden bei der Säurezahl die Ester nicht erfasst. Die Verseifungszahl ist somit ein Maß für die Menge an freien und als Ester gebundenen Säuren in einem Wachs oder Fett. Die Säurezahl hingegen beschreibt ausschließlich die Menge an freier Säure. Die Esterzahl wiederum ist die Differenz von Verseifungszahl und Säurezahl.

Diese Fettkennzahlen werden als dimensionslose[10] Größen verwendet und beschreiben für jedes Fett und Wachs eine Art Fingerabdruck. Neben der Charakterisierung von Wachsen können die Kennzahlen so Hinweise auf die Reinheit bzw. Unverfälschtheit eines Bienenwachses geben. Weichen Säure- und Esterzahl stark von den typischen Werten des reinen Bienenwachses ab, deutet dies auf eine untypische Stoffzusammensetzung im Wachs hin und ist somit ein Hinweis auf fremde Inhaltsstoffe. Das Gleiche gilt für das Verhältnis zweier Zahlen zueinander – auch hier besitzt Bienenwachs typische Werte, die sich bei Fremdzusätzen ändern.

	SÄURE-ZAHL	ESTER-ZAHL	VERSEIFUNGS-ZAHL
Bienenwachs	17 – 24	70 – 80	87 – 104
Paraffin*	0	0	0
Stearin	212 – 225	0	213 – 226

* Paraffin ist eine reine Mischung aus Kohlenwasserstoffen (Alkanen) ohne Säure-Einheiten. Entsprechende Fettkennzahlen existieren daher für Paraffine nicht und werden hier als hypothetische Werte angegeben.

Tabelle 4: Typische Werte für Säure-, Ester- und Verseifungszahlen von Bienenwachs, Paraffin und Stearin.

10 die Einheiten von Verseifungs-, Ester- und Säurezahl sind nominell [mg/g] bzw. für die Peroxidzahl [mmol/g], die sich aus der indirekten Bestimmungsmethode der Kennzahlen ergeben und daher in der Praxis ohne Bedeutung sind.

Anschaulicher Größenvergleich: frisch ausgeschwitztes Wachsplättchen auf einer Münze.

Ein in verfälschten Wachsproben häufig gefundener Stoff ist Paraffin – eine Mischung aus unterschiedlichen Alkanen (siehe Kapitel „Kohlenwasserstoffe", S. 12) und besitzt daher im Gegensatz zu Bienenwachs keine Ester- oder Säuregruppen. Paraffine können somit nicht verseift werden. Werden dem Bienenwachs wie beim bereits erwähnten Wachsskandal größere Mengen an Paraffinen zugegeben, nehmen daher die in Tabelle 4 aufgeführten Kennzahlen der Bienenwachs-Paraffin-Mischung im Vergleich zum reinen Bienenwachs kleinere Werte an. Stearin, das im Wachsskandal ebenfalls eine entscheidende Rolle spielte (oder noch spielt), besteht hingegen ausschließlich aus Carbonsäuren. Daher ist beim Stearin die Säure- und die Verseifungszahl identisch, die Esterzahl ist null. Gibt man zu Bienenwachs Stearin zu, werden sich Säure- und Verseifungszahl entsprechend erhöhen. Die Esterzahl hingegen wird wie auch bei der Paraffin-Zugabe abnehmen.
Somit lassen sich mithilfe dieser Kennzahlen grundsätzlich Verfälschungen durch Fremdzusätze erkennen, auch wenn beim Fälschen des Bienenwachses sowohl Paraffin als auch Stearin zugegeben wurde. Allerdings ist allein mithilfe dieser Zahlen weder ein quantitativer noch ein qualitativer Nachweis möglich - also eine Aussage darüber, welcher Stoff oder in welcher Menge ein Stoff zugesetzt wurde. Ein solcher Nachweis kann aber in Kombination mit anderen Analysemethoden (z. B. GC) erbracht werden.

GESAMT-KOHLENWASSERSTOFF

Die Menge an Kohlenwasserstoffen ist eine charakteristische Größe für Bienenwachs und entspricht etwa 14% der Masse des Wachses (siehe auch Tabelle 1). Diese im Bienenwachs befindlichen Kohlenwasserstoffe lassen sich über den als Gesamt-Kohlenwasserstoff (THC)[11] bezeichneten Summenparameter bestimmen. Dazu wird eine bestimmte Menge an Bienenwachs in dem

11 THC = total hydrocarbons

sehr unpolaren Lösungsmittel Hexan gelöst. Hexan ist mit sechs C-Atomen ein relativ kleiner, bei Raumtemperatur flüssiger Kohlenwasserstoff, der sich als Lösungsmittel von unpolaren Substanzen hervorragend eignet.

Aus dieser Bienenwachs-Lösung werden mithilfe einer Festphasen-Extraktion alle Substanzen mit einem polaren Anteil (Carbonsäure, Ester und Alkohole) durch Adsorption an feine Aluminiumoxid-Partikel oder Silikagel entfernt. Zurück bleibt eine Lösung der Bienenwachs-Kohlenwasserstoffe. Nach Verdampfen des Lösungsmittels können die Kohlenwasserstoffe ausgewogen werden. Diese gravimetrische Methode entspricht der Richtline „DGF M-V 6" der Deutschen Gesellschaft für Fettwissenschaft. Diese Richtlinie wird in der Praxis auch in einer modifizierten Variante „DGF M-V 6 (mod.)" angewendet, bei der die Masse der Kohlenwasserstoffe Gaschromatografisch [6] ermittelt wird (siehe auch Kapitel „Gaschromatographie", siehe unten).

In [12] wird beim Bienenwachs der Gesamt-Kohlenwasserstoff mit 14,5 % angegeben. Dieser Wert ist allerdings als ein Mittelwert anzusehen. Er kann sowohl ein wenig darunter liegen als auch darüber, ohne dass das Wachs dazu verfälscht worden ist. Leicht erhöhte Kohlenwasserstoff-Werte können also eine natürliche Ursache haben. Bei Werten, die deutlich oberhalb von 14,5 % liegen, ist allerdings davon auszugehen, dass Kohlenwasserstoffe aus Fremdquellen im Bienenwachs vorhanden sind. Dies können insbesondere zugesetzte Paraffine sein, die ebenfalls ausschließlich aus Kohlenwasserstoffen bestehen.

Im Gegensatz zum Stearin ist eine Verfälschung von wenigen Prozent Paraffin im Wachs für die Bienen wahrscheinlich unschädlich. Dennoch sollte es Ziel sein, einen Wert im Bereich von 14,5 % anzustreben. Dieser Wert ist aber für Bienenwachs aus dem Handel kaum zu erreichen, da immer wieder – bewusst oder unbewusst – gestrecktes Wachs in den Wachskreislauf des Bienenhandels gelangt. Hinzukommt, dass es für die Imkerei-Branche bislang weder ein verlässliches Gütesiegel bzw. eine Richtlinie noch eine lückenlose oder zumindest engmaschige Analysepflicht samt deren Dokumentation gibt.

Diese Umstände mögen auch der Grund sein, warum die EFSA (European Food Safety Authority) den Gesamt-Kohlenwasserstoff-Anteil im Bienenwachs mit 15,7 % angibt [13]. Diese Angabe gilt für den Einsatz von Bienenwachs im Lebensmittelbereich und spiegelt indirekt eine gewisse Unbedenklichkeit von geringen Mengen an Fremd-Kohlenwasserstoffen im Bienenwachs wider.

Als kritisch zu betrachten ist hingegen der Grenzwert, den der Verein „RAL Deutsches Institut für Gütesicherung und Kennzeichnung e. V." in ihrem Gütesiegel „RAL-GZ041" [14] für den Gesamt-Kohlenwasserstoff von Kerzen „aus Bienenwachs ohne jegliche Beimischung" mit 18 % angibt. Im Kerzenbereich wird offenbar ein Fremdanteil an Kohlenwasserstoffen von bis zu 4 % toleriert. Für den Imker ist dies irreführend, und er sollte sich beim Zukauf von Bienenwachs auf keinen Fall auf dieses RAL-Gütesiegel verlassen. Mit anderen Worten ist ein für die Kerzenherstellung angebotenes Bienenwachs sehr wahrscheinlich für den Einsatz in Bienenbeuten nicht geeignet.

GAS-CHROMATOGRAFIE

Mit der Gas-Chromatografie, kurz GC, ist es möglich, Substanzen aus Stoffgemischen wie Bienenwachs annähernd qualitativ (Nachweis eines Stoffes oder einer Stoffklasse) sowie quantitativ (Bestimmung der Stoffmenge) zu identifizieren. Dazu wird eine kleine Menge des Bienenwachses in einem Lösemittel gelöst und anschließend im GC sehr schnell erhitzt und dabei verdampft. Die nun gasförmigen Bestandteile

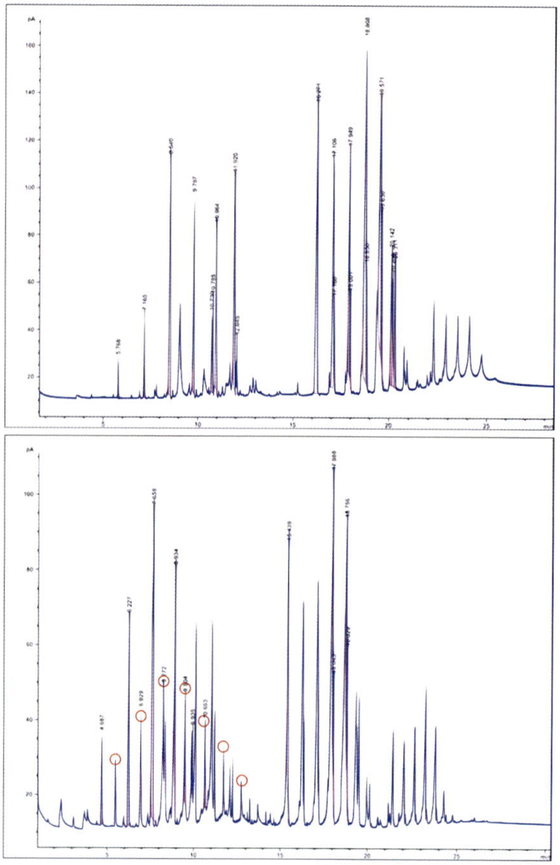

Beispiele typischer Gas-Chromatogramme von Bienenwachs. Oben: reines Bienenwachs; unten: Bienenwachs-Probe mit deutlich erhöhtem Kohlenwasserstoff-Anteil. Rot markiert sind die zusätzlichen Signale im unteren GC, die von geradzahligen Kohlenwasserstoffen stammen. Im reinen Bienenwachs (oberes GC) kommen nur die ungeradzahligen KWs vor, die im unteren GC von den Signalen der KW-Verunreinigung überlagert sind. (Quelle: Dr. I. Scholz, Labor Ceralyse, Celle)

des Wachses werden anschließend mit einem Trägergas durch eine sehr dünne und mehrere Meter lange chromatografische Röhre geblasen. In dieser Röhre (oder auch Trennsäule genannt) werden die Moleküle des Bienenwachses durch ständige Adsorptions- und Desorptionsvorgänge an der Innenseite der Trennsäule gebremst. Die Zeit, die ein Molekül zum Durchströmen der Säule benötigt (Retentionszeit), ist eine charakteristische Stoffgröße und abhängig von der Beschaffenheit des Moleküls – insbesondere von dessen Größe, Polarität und Flüchtigkeit (Dampfdruck).

Schickt man nun ein Stoffgemisch durch ein GC, trennen sich in der Säule die einzelnen Stoffe auf und können idealerweise am Ende der Säule getrennt detektiert werden, wobei die Intensität des Signals einen Hinweis über die Menge des Stoffes in der Probe gibt. Wird das Detektionssignal gegen die Retentionszeit aufgetragen, erhält man für das Stoffgemisch quasi als analytischen Fingerabdruck ein GC-Spektrum (siehe Abbildung links). Mithilfe von Referenzmessungen einer bekannten Substanz kann zudem durch Vergleich der Retentionszeiten ein bestimmtes Signal im Bienenwachsspektrum dieser Substanz zugeordnet werden. Auf diese Weise lässt sich ein komplettes GC-Spektrum entschlüsseln.

Finden sich in einem Chromatogramm von Bienenwachs Signale, die bei einem unverfälschten Bienenwachs nicht zu sehen sind, ist auf einfache Weise der Nachweis von Fremdzusätzen erbracht. Allerdings lassen sich nur Substanzen ab einer gewissen Konzentration nachweisen. Der Nachweis von Fremdstoffen in sehr geringen Konzentrationen, z. B. Pflanzenschutzmittel oder Varroazide, ist mit dieser Methode nicht möglich.

Selbst ohne Referenzmessungen werden GC-Messungen deutlich detaillierter, wenn man ein sog. Massenspektrometer (MS) nachschaltet. In einem MS werden die im GC aufgetrennten Substanzen ionisiert und in einem elektrischen Feld beschleunigt. Mithilfe des Verhältnis aus Geschwindigkeit und elektrischer Ladung kann dieses ionisierte Molekül indirekt „gewogen“ werden. Dadurch kann (fast) jedem Signal im GC-Spektrum eine Molekülmasse zugeordnet werden, die wiederum einer bestimmten

Substanz zugeordnet werden kann. Bei einer Verfälschung von Bienenwachs mit Paraffinen erhält man auf diese Weise Signale in einer regelmäßigen Gauss'schen oder glockenförmigen Verteilung, wobei die Differenz zwischen zwei Signalen 14 Atommassen beträgt (siehe Abbildung links). Dies entspricht der Masse einer CH_2-Einheit in einer Kohlenwasserstoffkette. Wie bereits weiter oben beschrieben wurde, besitzen Kohlenwasserstoffe im Bienenwachs überwiegend ungeradzahlige C-Ketten, die sich somit um zwei -CH_2-Einheiten (C2-Regel der Biosynthese, siehe auch hintere Umschlagklappe), also um 28 Atommassen, unterscheiden. Somit stammt eine Signalabfolge mit regelmäßigen Abständen von nur 14 Atommassen sehr wahrscheinlich aus dem zugesetzten Paraffin.

IR-SPEKTROSKOPIE

Mit der Infrarot-Spektroskopie (IR) steht eine weitere Routine-Methode der chemischen Analytik zur Aufklärung von Fremdzusätzen zur Verfügung. Anders als beim GC ist die Wachsanalytik mit diesen Techniken noch nicht ausgereift, weshalb hier von einer deutlich höheren Nachweisgrenze der Paraffine und Stearin von etwa 5% ausgegangen werden muss.

Bei dieser Analyse-Methode wird entweder etwas gelöstes Bienenwachs oder (im ATR-Modus)[12] eine feste Bienenwachsprobe mit elektromagnetischen Wellen angeregt. Dadurch werden in der Probe Bindungen und Schwingungen zwischen Atomen in einem Molekül mit infraroter Strahlung (im Wellenlängen-Bereich von 780 nm bis 1 mm) zum Schwingen gebracht. Je nach Typ der Bindung (C-H, C-C, C=C, C-O, C=O, ...) ist die zur Anregung notwendige Wellenlänge etwas unterschiedlich. Wird also eine Probe bestrahlt, werden Teile bestimmter Wellenlängen bei der Anregung absorbiert. Auf diese Weise wird das Spektrum des eingestrahlten IR-Lichts verändert, was wiederum Hinweise auf die Beschaffenheit des Bienenwachses gibt.

Da es sich bei Bienenwachs nicht um Reinstoffe, sondern um ein Stoffgemisch handelt, verlangt diese spektroskopische Methode etwas Übung bei der Interpretation der Spektren. Wie auch bei der Gas-Chromatografie können aber durch Vergleiche mit Spektren von reinem Bienenwachs recht sichere Hinweise auf Verfälschungen gefunden werden.

WACHS-QUALITÄT

Die Reinheit und Qualität von gehandeltem Bienenwachs war lange Zeit nur in Bezug auf die mit Bienenwachs hergestellten Produkte von Interesse. Sowohl für den Einsatz von Bienenwachs in Lebensmitteln [15] als auch für kosmetische und pharmazeutische [16] Produkte existieren seit langem Qualitätsstandards (siehe Tabelle 5). Für den Einsatz in der Imkerei fehlen solche nachvollziehbaren Vorgaben.[13] Für einen Imker reichte es in der Regel, wenn Bienenwachs nach Bienenwachs aussah, roch und sich danach anfühlte.

Durch den schon beschriebenen Wachsskandal hat diesbezüglich ein allgemeines Umdenken stattgefunden, sodass Bienenwachs nicht mehr als Kostenfaktor in der Imkerei, sondern als Lebensraum und damit als Existenzgrundlage unserer Bienen angesehen wird. Entsprechend werden mittlerweile im Handel verstärkt Mittelwände mit Zertifikaten angeboten. Imker sollten sich

12 Im ATR-Modus (Abgeschwächte Total-Reflexion) wird die Bienenwachs-Probe während der Reflexion des IR-Strahls in einem Kristall gemessen, der mit dem Wachs im direkten Kontakt steht.

13 Immerhin hatte der Deutsche Imkerbund (DIB) als Reaktion auf den Wachsskandal im Februar 2017 zu einem Runden Tisch eingeladen [17] und nach eigener Aussage [74], als Impulsgeber die Branche der Wachsumarbeiter zu einem Meinungsbild aufgerufen.

RICHTLINIE, NORM, GÜTESIEGEL	HERAUSGEBER, GRUNDLAGE	GÜLTIGKEIT, ANWENDUNGSBEREICH	VORGABEN, GRENZWERTE
Verordnung (EG) 231/2012	Europäische Kommission	Lebensmittel	POZ ≤ 5 VZ = 87 – 104 SZ = 17 – 24
Ph. Eur. 10; 10.0/0069 (Cera flava)	Europäisches Arzneibuch, Ph. Eur. 10 vormals: Deutsches Arzneibuch, DAB	Arzneimittel, Kosmetik	VZ = 87 – 103 SZ = 17 – 22
FBA-Siegel „Gewähr für reines Bienenwachs"	Fachverband für Bienenzuchtausrüstung, FBA	Imkerei	nicht veröffentlicht
RAL-GZ 041	Deutsches Institut für Gütesicherung und Kennzeichnung e.V, RAL	Kerzen, Kerzenwachs	THC ≤ 18,0 %

Tabelle 5: Vorgaben für die Qualität von Bienenwachs in unterschiedlichen Branchen.

aber nicht blenden lassen und diese Zertifikate hinterfragen. Einfache Angaben wie „garantiert seuchenfrei", „mit Analysen-Zertifikat", „FBA-kontrolliert" sind ohne Hinweis auf bindende Richtlinien bzw. Angabe von Analyse-Werten oder auch Nachweis einer durchgeführten Entseuchung ohne Bedeutung und sollten ignoriert werden. Dies gilt insbesondere für den sehr häufig auf Paketen von Mittelwänden anzutreffenden Aufkleber „Gewähr für reines Bienenwachs" des Fachverbands für Bienenzuchtausrüstung (FBA), dem auch sechs Mittelwandhersteller angehören. Zwar werden nach Aussage des Fachverbands stichpunktartige Überprüfungen durchgeführt [11], der Beschluss von 2017 [17] für eine vom Imker nachvollziehbare Selbstverpflichtung des FBA wurde jedoch nicht umgesetzt. Es ist daher weithin unklar, nach welchen Kriterien geprüft und welche Grenzwerte zugelassen werden. Unter diesen Bedingungen ist der grüne Siegel-Aufkleber des FBA im Wesentlichen dazu geeignet, das Papier zusammenzuhalten, in dem die Mittelwände verpackt sind.

Es existieren aber auch Wachsumarbeiter, die ihren gesamten Produktions- bzw. Arbeitsprozess mit einer Analytik und Dokumentation begleiten (siehe Abbildung), also eine klassische und in der Industrie übliche Qualitätssicherung verfolgen. Zudem legen manche Umarbeiter ihren Prozess offen und ermöglichen über das Internet die einfache und problemlose Zuordnung von Chargen- oder LOT-Nummern zu den entsprechenden Analyse-Ergebnissen.

Solche Betriebe sind mitunter auch in der Lage, kleinere Mengen an Bienenwachs chargenrein zu verarbeiten. Das bedeutet nichts anderes, als dass der Umarbeiter das Wachs des Imkers unvermischt zu Mittelwänden verarbeitet. Der Imker bekommt dann ausschließlich sein eigenes Wachs zurück. Dieses kontrollierte Umarbeiten kann eine Alternative zum weiter unten beschriebenen Gießen der Mittelwände in der Imkerei sein.

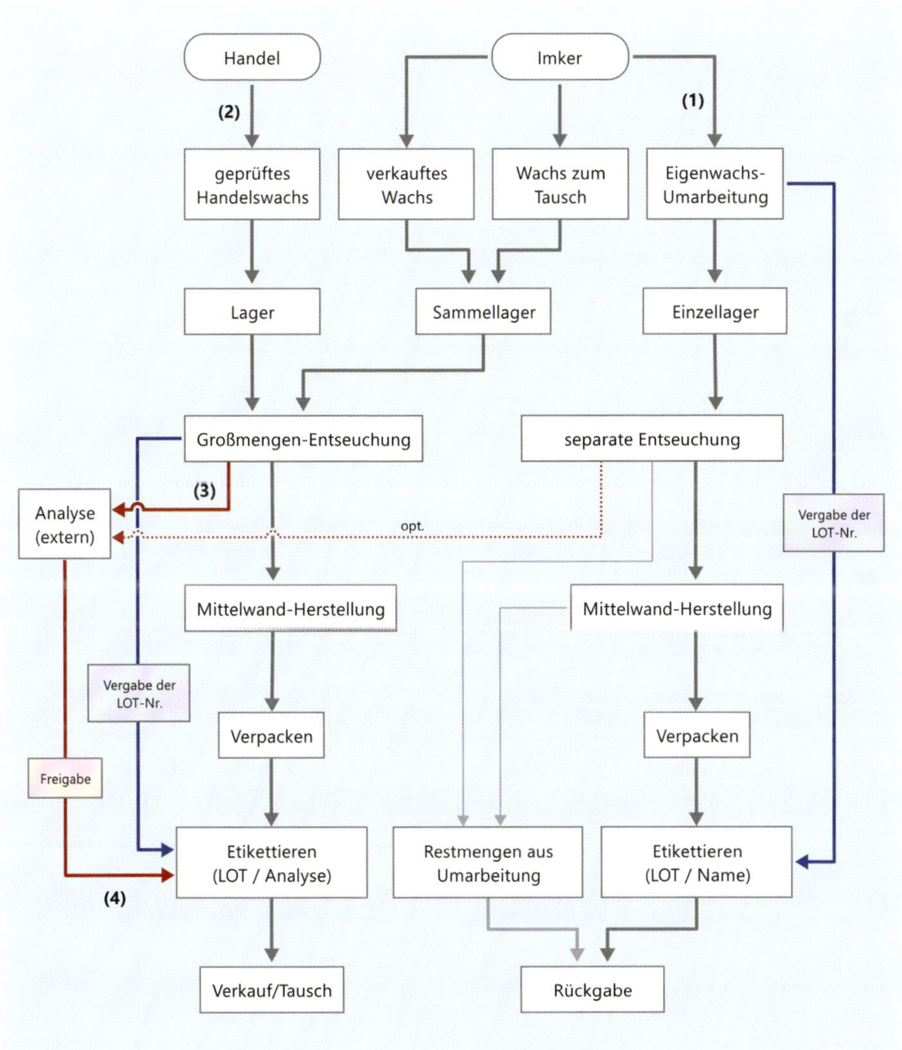

Beispiel-Schema einer qualitätsorientierten Mittelwand-Produktion mit der Option der Eigenwachs-Umarbeitung (1). Es wird vom Handel ausschließlich zertifiziertes Wachs eingekauft (2); größere Wachs-Mengen von Imkern setzen ebenfalls eine Analyse des Wachses voraus. Von jeder Charge (für Eigenwachs optional) wird nach der Entseuchung eine noch flüssige Probe entnommen und analysiert (3). Mittelwände werden produziert, verpackt und erst nach Freigabe durch das externe und akkreditierte Analyse-Labor etikettiert (4). Analyse-Ergebnisse werden zusammen mit LOT-Nummern offengelegt. (vereinfachtes Schema; Quelle: Bienen-Lindner, Duisburg)

EIGENSCHAFTEN VON BIENENWACHS

Trotz der geringen, weiter oben erwähnten Schwankungen in dessen Zusammensetzung, lässt sich das Naturprodukt Bienenwachs (lat. Cera Flava)[14] recht gut beschreiben. Wie viele Naturprodukte besitzt auch Bienenwachs keine großen Varianzen in seinen Eigenschaften, weshalb man Bienenwachs sowohl im Lebensmittel- als auch im Kosmetik- und Pharmabereich reproduzierbar verarbeiten kann. Als Lebensmittelzusatz ist es sowohl als gelbes Bienenwachs (Cera Flava) als auch als weißes Bienenwachs (Cera Alba) unter der Nummer E 901 zur hauptsächlichen Verwendung als Überzugs- oder Trennmittel zugelassen [15].

LÖSLICHKEIT UND POLARITÄT

Die Frage, ob sich zwei verschiedene Flüssigkeiten – z. B. heißes Wachs und Wasser – miteinander vermischen, oder ob sich ein Feststoff in einer Flüssigkeit lösen lässt, beantwortet ein Chemiker mit dem Grundsatzspruch „Gleiches löst sich in Gleichem“ (Similia similibus solvuntur). Ob aber zwei Stoffe „gleich“ sind, macht der Chemiker an den sogenannten Polaritäten dieser Stoffe fest (zur Entstehung der Polarität siehe Kasten auf S. 34). Stoffe, deren Moleküle einen Dipol besitzen, werden sich sehr wahrscheinlich in einem polaren Lösungsmittel lösen (die Moleküle des Lösungsmittels besitzen ebenfalls einen Dipol). Anders herum löst sich ein unpolarer Stoff nicht oder nur sehr schlecht in einem polaren Lösungsmittel. Als Beispiel löst sich das unpolare Bienenwachs nicht in dem polaren Wasser.

Nach dem Wachsschmelzen trennt sich flüssiges Bienenwachs recht zügig vom Wasser (dunkle Phase) ab. Das Wasser ist nach der Reinigung stark verschmutzt, da es während der Reinigung die wasserlöslichen Bestandteile aus dem Wachs herausgewaschen hat.

14 von lateinisch cera = Wachs und flavo = gelb, also „gelbes Wachs“ oder „Bienenwachs“; davon zu unterscheiden ist das gebleichte, aber ebenfalls als Bienenwachs bezeichnete „weiße Wachs“ Cera Alba, von lateinisch album = weiß.

TABELLE 6: STECKBRIEF VON BIENENWACHS (CERA) DER APIS MELLIFERA

Farbe	gelb bis gelb-orange bzw. gelb-braun (Cera Flava) — Jungfräuliches Bienenwachs ist farblos und erscheint uns weiß; frische Wachsplättchen der Bienen sind mitunter transparent — Wachs ist innerhalb des Erweichungsbereich (siehe unten) deutlich hellgelb — das mit Oxidationsmitteln gebleichte „weiße Wachs" (Cera Alba) ist farblos
Löslichkeit [S]	in polaren Medien unlöslich - in unpolaren Medien gut löslich — Bienenwachs ist in Wasser unlöslich — Dielektrizitätskonstante $\varepsilon_r \approx 2{,}6 - 3{,}0$ — in kaltem Alkohol (Ethanol) unlöslich, in heißem Alkohol teilweise löslich (Cerin-Teil) — gut löslich in Ölen, (heißen) Fetten sowie in anderen unpolaren Lösungsmitteln wie Benzol, (Diethyl-)Ether, Terpentinöl und (warmen) Petrolether
Schmelzbereich [T_f]	40,4 – 67,0°C — Temperaturbereich, in dem einzelne Bestandteile des Bienenwachses schmelzen.[15] — in diesem Bereich nimmt Bienenwachs zusätzliche Energie für den Wechsel vom festen zum flüssigen Zustand auf (erkennbar an einer erhöhter Wärmekapazität)
Erweichungsbereich [T_s]	oberhalb von ca. 40°C — erste Bestandteile des Bienenwachses schmelzen — beim Erwärmen verliert Bienenwachs nach und nach seine feste Beschaffenheit und besitzt im Erweichungsbereich eine mehr oder weniger weiche, schmierige Konsistenz, ohne flüssig zu sein — das Wachs besitzt im Erweichungsbereich augenscheinlich einen festen Aggregatzustand
(sichtbarer) Schmelzpunkt [T_m]	61° – 63°C — sichtbarer Wechsel vom festen zum flüssigen Aggregatzustand — oberhalb des sichtbaren Schmelzpunkts finden weitere Schmelzvorgänge statt
(partieller) Siedepunkt [T_b]	ca. 236°C — die meisten Bestandteile (ins. die schwerflüchtigen) zersetzen sich vor dem Sieden — Flammpunkt 265°C — Zündtemperatur 305°C[16]

15 R. Buchwald, M. D. Breed und A. R. Greenberg, „The thermal properties of beeswaxes: unexpected findings," 121–127, Nr. 211, pp. 121–127, 2008.
16 P. Hauert, Die Chemie der Wachse, GRIN Verlag: München, 2009.

TABELLE 6: STECKBRIEF VON BIENENWACHS (CERA) DER APIS MELLIFERA

spezifische Wärmekapazität [c]	2,5 kJ/(K∗kg) — Wärmekapazität steigt im Schmelzbereich um ein Vielfaches an — Bienenwachs besitzt eine maximale Wärmekapazität bei 64,5 °C — die Menge an zusätzlich aufgewandter Energie im Schmelzbereich entspricht der Schmelzenthalpie von 170,7 kJ/kg [15]
Dichte [ρ]	0,95 – 0,965 g/mL (20 °C) — Bienenwachs hat somit eine geringere Dichte als Wasser — die Dichte von Bienenwachs ist stark temperaturabhängig — zwei Ausdehnungskoeffizienten α beschreiben dieses Verhalten: $\alpha_1 = (344 \pm 31) * 10^{-5} K^{-1}$ (für 22° bis ~ 40 °C) $\alpha_2 = (1048 \pm 170) * 10^{-5} K^{-1}$ (für ~ 40 bis ~ 62 °C)
Verseifungszahl [VZ]	87 – 103 — Grenzwerte nach[17] bzw.[18] — Äquivalent an mg Kaliumhydroxid zur Neutralisation von 1 g Bienenwachs in Wasser (Prüfmethode nach DIN EN ISO 660)
Säurezahl [SZ]	17 – 22 — Grenzwerte nach[17] bzw.[18] — Äquivalent an mg Kaliumhydroxid zur Neutralisation von 1 g Bienenwachs in wasserfreiem Lösungsmittel (Prüfmethode nach DIN EN ISO 3657)
Esterzahl [EZ]	ca. 70 – 80 — Rechnerische Größe; gebildet aus der Differenz von Verseifungszahl und Säurezahl
Peroxidzahl [POZ]	max. 5 — Grenzwert nach[19] für die Verwendung von Bienenwachs als Lebensmittelzusatzstoff E901
Gesamt-Kohlenwasserstoff [THC]	ca. 14,5 % — Grenzwert nach[20] — Masseanteil des Bienenwachses (Prüfmethode nach DGF-Richtlinie M-V 6)

17 Deutsches Arzneibuch - DAB 10.

18 Pharm. Eur. 9.0/0069 (Cera flava) bzw. 9.0/0070 (Cera alba).

19 Verordnung (EG) 231/2012, Spezifikationen für die in den Anhängen II und III der VO 1333/2008 aufgeführten Lebensmittelzusatzstoffe, 2012.

20 D. Holde, Kohlenwasserstofföle und Fette, 6. Auflage, Berlin: Springer, 1924.

URSACHE FÜR DEN POLAREN CHARAKTER VON CHEMISCHEN STOFFEN

Moleküle bestehen aus positiv geladenen Atomkernen, die mit einer „Wolke" von Elektronen umgeben sind. Sofern sich die negativ geladenen Elektronen gleichmäßig, symmetrisch im Molekül verteilen, wirkt das Molekül nach außen elektrisch neutral. Je nach Aufbau eines Moleküls kann es zu einer ungleichen Verteilung der Elektronen kommen, sodass sich ein Bereich im Molekül positiv auflädt, ein anderer entsprechend negativ. Auf diese Weise wird im Molekül – ähnlich wie ein Magnetstab – ein Dipol erzeugt, der auf andere polare Moleküle anziehend wirkt.
Die Stärke der Polarität ist über die stoffspezifische Dielektrizitätskonstante ε_r beschreibbar.[21]
Stoffe, die aus solchen Dipol-Molekülen aufgebaut sind, haben polare Eigenschaften und vermischen sich entsprechend gerne mit anderen polaren Stoffen. Der Übergang von löslich zu unlöslich ist dabei fließend. Es gibt also auch ein „schlecht löslich" bis hin zu „überwiegend löslich".

21 Der sehr große Unterschied von ε_r (Bienenwachs) ≈ 3,0 und ε_r (Wasser) ≈ 80 erklärt die praktisch vollständige Unlöslichkeit von Bienenwachs in (kaltem) Wasser.

Die Polarität ist eng mit den Begriffen der Hydrophilie („wasserliebend") bzw. Hydrophobie („wasserabweisend") verbunden. Wie im obigen Beispiel erwähnt, besitzt Wasser einen sehr starken Dipol und ist somit polar. Stoffe, die sich in Wasser lösen lassen, also „wasserliebend" sind, müssen ebenfalls polar sein. Hydrophobe, also wasserabweisende Stoffe, lassen sich in Wasser nicht lösen.
Die Begriffe der Hydrophobie bzw. -philie werden häufig bei Substanzen angewandt, bei denen sich ein polarer Dipol nicht über das gesamte Molekül erstreckt. Bei vielen Molekülen kommt es vor, dass ein Teil des Moleküls polare Anteile besitzt (also hydrophil ist), während andere Teile nahezu unpolar und damit hydrophob sind. Das klassische Beispiel für solche Moleküle sind Seifen, die weiter unten noch genauer beschrieben werden. Seifen besitzen sowohl einen sehr hydrophilen als auch einen sehr hydrophoben Molekülteil. Dadurch können sich Seifen sowohl mit Fetten als auch mit Wasser verbinden und so Fett in Wasser „lösen" bzw. mit Fetten eine wässrige Emulsion bilden. Deshalb können wir z. B. unsere fettigen Hände mit Wasser und einer Seife sauber waschen.

WACHS ALS LÖSUNGSMITTEL

Ein Lösemittel muss nicht zwingend eine Flüssigkeit sein. Das Prinzip „Gleiches löst sich in Gleichem" (siehe oben) umfasst vielmehr alle Aggregatzustände. Somit sind nicht nur Feststoffe in Flüssigkeiten (z. B. flüssiger Honig) löslich, sondern auch Gase in Flüssigkeiten (z. B. Sprudelwasser), Flüssigkeiten in Gasen (z. B. Luftfeuchtigkeit), Flüssigkeiten in Feststoffen (z. B. fester Honig) usw.
Ein Feststoff kann somit ein Lösemittel sein. Allerdings ist der Lösungsprozess dabei zumeist sehr viel langsamer als bei einem flüssigen Lösemittel. Dennoch ist es möglich, dass feste oder flüssige Stoffe in einen Feststoff wie Bienenwachs migrieren, also „hineinwandern" können. Fremdstoffe wie Insektizide und andere Pflanzenschutzmittel aus Garten und Landwirtschaft, die von Bienen kontinuierlich in den Bienenbau eingetragen werden, können sich also beim Kontakt mit Wachs darin anreichern. Voraussetzung dafür ist, wie wir jetzt wissen, eine ausreichend starke „Zuneigung" (in der Chemie wird der Begriff der „Wechselwirkung" verwendet) zwischen dem Wachs und dem Fremdstoff. Grundsätzlich kann sich daher jeder Fremdstoff im Wachs anreichern, der einen ausreichend unpolaren Charakter besitzt und dadurch gut mit dem ebenfalls unpolaren Bienenwachs wechselwirken kann.

Neben der Landwirtschaft ist oftmals leider der Imker selbst eine Quelle für sich anreichernde Fremdstoffe im Wachs. So haben sich auch einige unpolare (also fettlösliche) Wirkstoffe wie Amitraz oder Flumethrin aus Behandlungsmitteln gegen die Varroa-Milbe im Wachs anreichern können [18, 19]. Mitunter wurden in Deutschland auch nicht erlaubte Wirkstoffe gefunden, was im besten Fall auf die Globalisierung des Wachshandels zurückzuführen ist.
Das Thema der Anreicherung von Fremdstoffen im Bienenwachs steht zunehmend im Fokus des imkerlichen Interesses, nachdem gezeigt werden konnte, dass Fremdstoffe bereits bei leicht erhöhten Konzentrationen langsam wieder aus dem Wachs austreten und z. B. in den in der Bienenwabe eingelagerten Honig übertragen werden können. Dabei wurde anhand einiger unpolarer Fremdstoffe deutlich, dass diesbezüglich nur sehr geringe Konzentrationen, z. T. deutlich unterhalb von 0,5 mg pro kg Bienenwachs [20] unkritisch sind. Aber selbst dann können Fremdstoffe in Form kleinster Wachspartikel in den Honig gelangen. Wir Imker stehen also in der Verantwortung, z. B. durch Verwendung von unkritischen, polaren Behandlungsmitteln[22] und mithilfe eines durchdachten Wachskreiskaufs dafür zu sorgen, Fremdstoffe im Bienenwachs zu vermeiden bzw. deren Konzentration möglichst gering zu halten.

OXIDIEREN UND VERSEIFEN

Die Peroxidzahl (POZ) ist eine weitere Fettkennzahl (siehe Seite 23) und wird insbesondere bei Lebensmitteln bestimmt. Peroxide sind Reaktionsprodukte von (Luft-) Sauerstoff mit einer ungesättigten Kohlenwasserstoff-Kette. Sie können somit schon beim offenen Lagern von Fetten entstehen. Im weiteren Verlauf reagieren Peroxide zu kleineren (und leicht flüchtigen bzw. leicht riechbaren) Spaltprodukten, die für den ranzigen Geruch und Geschmack eines Fettes verantwortlich sind. Die Peroxidzahl ist ein Äquivalent zur Menge an bereits mit Sauerstoff reagierten KW-Ketten. Letztendlich ist sie somit ein Maß für die Schädigung eines Wachses und steigt insbesondere bei leicht verderblichen Fetten mit der Zeit deutlich an.
Für Bienenwachse ist die Peroxid-Zahl mit 5 im Vergleich zu anderen Wachsen außerordentlich klein [21] und ändert sich „an der Luft" über längere Zeiträume nicht. Bienenwachs altert also kaum[23] – was sich in der guten Lagerstabilität von Bienenwachs widerspiegelt. Anders ausgedrückt ist Bienenwachs aus chemischer Sicht recht reaktionsträge.
Dennoch besteht vor allem beim heißen, also flüssigen Wachs, die Gefahr, dass einzelne Bestandteile des Wachses zu Seifen

Zwei unterschiedlich alte Wachsblöcke. Der untere, ältere Block besitzt eine dünne Patina in Form einer feinen Schicht kleiner „Wachskristalle".

22 Sowohl Ameisensäure als auch Oxal- oder Milchsäure zeigen hydrophiles Verhalten und reichern sich daher nicht im Wachs an.

23 Die helle Patina, die Bienenwachs mit der Zeit an der Oberfläche ausbildet, resultiert aus oberflächigen Kristallisationsvorgängen. Es ist ein charakteristisches Zeichen für unverfälschtes Bienenwachs.

Beispiel einer dünnen Streitschicht. Je nach Verunreinigung des eingesetzten Waches kann diese Schicht deutlich dicker ausfallen.

reagieren. Unter Seifen wird im chemischen Sinn eine Metallverbindung der Carbon- oder Fettsäuren verstanden. Seifen entstehen, wenn die Carbonsäure in Wasser unter basischen Bedingungen ihr Säure-Proton abgibt. Man erhält dabei ein Carbonsäure-Anion (negativ geladenes Molekül). Wenn sich jetzt zusätzlich (positiv geladene) Metall-Kationen im Wasser befinden, kann sich aus dem Carbonsäure-Anion und dem Metall-Kation eine Seife bilden. – Für diese Reaktion muss die Carbonsäure allerdings zuvor in (heißem) Wasser gelöst sein.

Neben den (freien) Carbonsäuren können auch die im Wachs befindlichen Carbonsäure-Ester zu Seifen reagieren. Dazu muss der Ester zunächst mithilfe von Wasser gespalten werden. Diese Hydrolyse ist dabei exakt die Rückreaktion der auf S. 14 beschriebenen Esterbildung. Die dabei entstehende Carbonsäure reagiert dann weiter wie oben beschrieben.

Somit sind die Carbonsäuren und -ester im Bienenwachs potenzielle Quellen für Verseifungs-Reaktionen, was durch die Verseifungszahl zum Ausdruck kommt. Die Verseifungszahl ist somit rechnerisch die Summe aus Ester- und Säurezahl. Eine Änderung dieser Kennzahl kann also auf eine fehlerhafte Verarbeitung des Bienenwachses hindeuten.

Beide Reaktionen (Verseifung von Säuren und von Estern) laufen vor allem unter basischen Bedingungen ab. Dazu reicht beispielsweise das Vorhandensein von geringen Mengen gelöster Carbonat-Ionen in (heißem) kalkhaltigem Wasser aus, das auch gleichzeitig die Metall-Kationen (Calcium- und Magnesium-Ionen) zur Verseifung liefert. Andere Metallquellen können auch Metallgefäße aus niederlegiertem Eisen oder Aluminium sowie angesprungene Emaille-Töpfe sein.

Seifen sind deutlich besser wasserlöslich als die entsprechenden Carbonsäuren, da sich der hydrophile Charakter der Carbonsäure-Einheit durch Bildung einer Ionenbindung drastisch erhöht (Ionenbindungen sind sehr viel polarer als die schwächeren Dipole in einem Molekül). Entsprechend werden sich Seifen, die beim Wachswaschen entstehen können, in dem heißen Waschwasser lösen und während des Abkühlens eine unschöne, gräuliche Grenzschicht (oder auch „Zank-“ bzw. „Streitschicht“ genannt) zwischen Wachs und Waschwasser bilden.

Um eine Verseifung zu vermeiden, sollten aus diesen Gründen beim Arbeiten mit Wachs ausschließlich hochlegierte Metall- oder intakte Emaille-Töpfe Verwendung finden. Außerdem sollte nach Möglichkeit mit destilliertem oder entsalztem Wasser gearbeitet wenden. Die Reaktion der Verseifung ist zudem durch Zugabe von Säuren reversibel[24] oder wird unter sauren Bedingungen unterdrückt. Daher ist es sinnvoll, mit angesäuertem Wasser zu arbeiten (siehe Seite 112 ff.).

24 Zwar kann auch unter sauren Bedingungen eine Ester-Spaltung stattfinden, bei der jedoch keine Seife entsteht. Diese Reaktion ist reversibel, d. h. sie wird zu einem beträchtlichen Teil rückwärts (Esterbildung) verlaufen

VERSEIFUNG VON BIENENWACHS

Carbonsäure-Ester werden aus Carbonsäuren und Alkoholen gebildet. Umgekehrt kann der Ester in seine Ausgangsstoffe, also Säure und Alkohol, gepalten werden. Es wundert daher nicht, dass im Bienenwachs nicht nur die Ester, sondern auch deren Bestandteile, also Carbonsäuren und (langkettige) Alkohole, vorkommen.

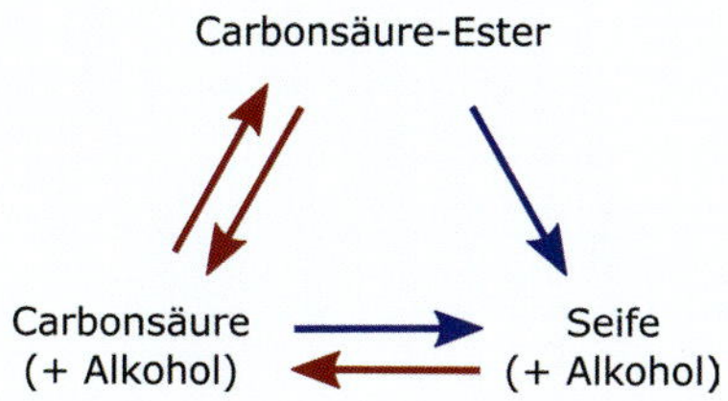

Reaktionswege von Carbonsäuren und deren Ester sowie Bildung von Carbonsäure-Seifen. Blaue Pfeile beschreiben Reaktionen unter basischen Bedingungen, rote Pfeile beschreiben Reaktionen unter sauren Bedingungen. Die Pfeile zeigen zudem die mögliche Richtung der Reaktionen an (vereinfachte Darstellung).

Seifen können sowohl aus Carbonsäuren als auch aus deren Ester gebildet werden (siehe Skizze). Der Reaktionsweg hängt dabei von den Umgebungsbedingungen, insbesondere vom pH-Wert, ab. Im wässrig-basischen Umfeld (also bei pH > 7) reagiert der Ester direkt zur Seife. Im Sauren (pH < 7) entsteht zunächst die Carbonsäure, die wiederum mit der Seife im Gleichgewicht steht. Die Seife kann nur in saurer Umgebung zur Carbonsäure zurückreagieren. Im basischen Medium hingegen ist eine Rückreaktion nicht möglich.

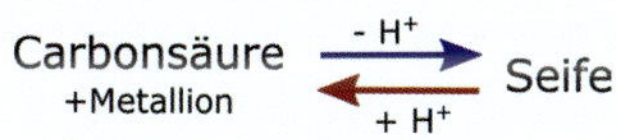

Verseifung einer Carbonsäure

Aus diesem Zusammenhang wird deutlich, dass es geschickt ist, z. B. beim Wachswaschen, im sauren Milieu zu arbeiten. Auf diese Weise bilden sich keine oder nur sehr wenige Seifen. Allerdings reicht es nicht aus, einfach irgendeine Säure in beliebiger Menge in das Waschwasser zu geben. Wichtig ist es vielmehr, zum Ansäuern eine Säure mit einer ausreichenden Säurestärke auszuwählen. Diese muss deutlich höher sein als die Carbonsäuren im Wachs. Erst dann wird die Carbonsäure daran gehindert, ein Säure-Proton abzugeben und zur Seife zu reagieren.

Von den beiden Säuren, die in der Imkerei vorhanden sein dürften, ist die Ameisensäure zu schwach, und mit Oxalsäure fallen in Wasser unlösliche Calcium-Salze aus, die sich als Zankschicht am Wachs ablagern. Eine gute, wenn auch etwas gefährlichere Alternative ist daher Salzsäure. Sie besitzt eine sehr große Säurestärke und bildet gut lösliche Salze. Beim Ansäuern des Wachswassers, reichen daher geringe Mengen, also etwa 10 ml einer verdünnten 10%igen Salzsäure pro Kilogramm Wachs aus, um eine Verseifung größtenteils zu unterdrücken.

Beim Arbeiten mit starken Säuren gilt: säurefeste Handschuhe anziehen, Schutzbrille tragen und mit Säure verschmutzte Kleidung sofort ausziehen!

SCHMELZEN UND ERSTARREN

Auf den ersten Blick besitzt Bienenwachs einen Schmelzpunkt T_m – je nach Literatur-Quelle – von 61 bis 63°C. Bei dieser Temperatur wechselt das Wachs augenscheinlich seinen Aggregatzustand von fest auf flüssig (bzw. umgekehrt beim Erstarren). Erwärmt man jedoch Bienenwachs langsam z. B. von Raumtemperatur auf über 40°C (T_s), lässt sich eine farbliche Veränderung des Bienenwachses hin zu einem hellen Gelb beobachten. Grund für diese Veränderung ist das Einsetzen von ersten Schmelzvorgängen im Wachs, ohne dass es sich dabei vollständig verflüssigt. Das Wachs wird zwar weich und bekommt eine schmierige Konsistenz, aber es bleibt im gewohnten Sinne ein Feststoff. Erst wenn das Wachs weiter erwärmt wird, wird es komplett flüssig. Allerdings ist auch dann der Schmelzvorgang noch nicht abgeschlossen. Beim weiteren Erwärmen über den sichtbaren Schmelzpunkt T_m hinaus, schmelzen die Bestandteile des Wachses mit den höchsten Schmelzpunkten. Dass wir das Bienenwachs bereits als flüssig wahrnehmen, liegt daran, dass diese Bestandteile im flüssigen Wachs gelöst sind, während sie ihren Energiezustand wechseln.
Somit sollten wir beim Bienenwachs von einem Schmelzbereich anstatt von einem Schmelzpunkt sprechen, auch wenn letzterer visuell als T_m (siehe Tabelle 6) erkennbar ist. Der Schmelzbereich T_f von Bienenwachs lässt sich anhand der Wärmekapazität [22] beschreiben.[25] Abbildung unten zeigt, wie sich ab etwa 38°C der ansonsten recht konstante Wärmestrom (angedeutet durch die gestrichelte Linie) zum Aufheizen der Wachsprobe deutlich erhöht. Das heißt,

25 Die Bestimmung der oberen und unteren Grenze des Schmelzbereichs erfolgte durch statistische Analyse der Messdaten.

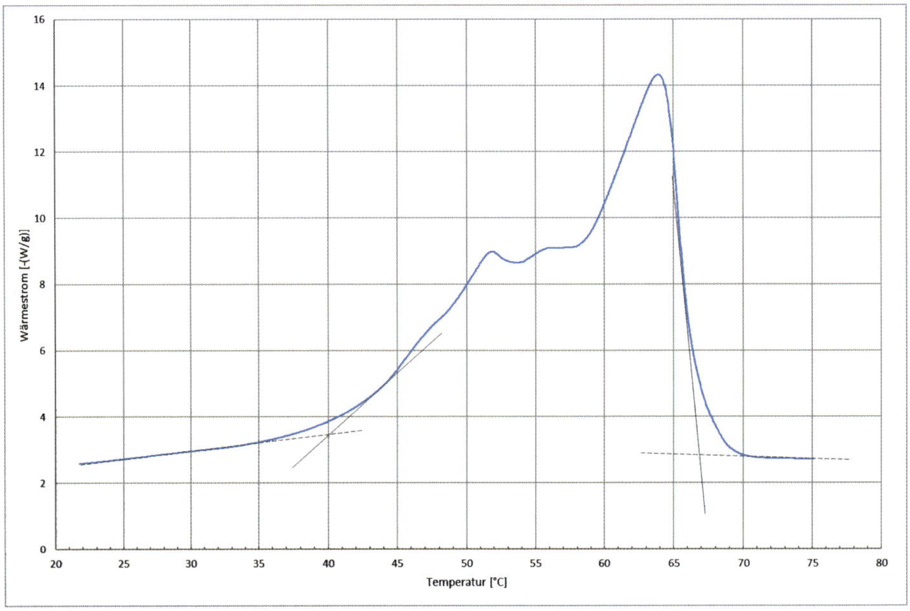

Wärmefluss (Wärme- bzw. Energieaufnahme) von Bienenwachs während der Aufheizphase von 20 bis 80 °C mithilfe der dynamischen Differenzkalorimetrie (DSC, Differential scanning calorimetry). Quelle: Dr. P. Hermes, Prof. B. Strehmel, Hochschule Niederrhein, Krefeld.

es muss ab dieser Temperatur für jeden Temperaturschritt mehr Energie aufgewendet werden, um das Wachs zu erwärmen. Mit der zusätzlichen Energie, die zum Erwärmen benötigt wird, werden Molekülschwingungen angeregt und dadurch die Bindungen der Moleküle untereinander gelöst, sodass die Moleküle frei beweglich sind und das Bienenwachs flüssig ist. Ähnlich wie beim Trennen von zwei Magneten ist zum Trennen der Moleküle eine Energie (oder Arbeit)[26] notwendig, die dem Bienenwachs während des Aufheizens zusätzlich zugeführt werden muss. Die notwendige Wärme, um Bienenwachs von dem festen in den flüssigen Aggregatzustand zu überführen, heißt Schmelzenthalpie (siehe Tabelle 6). Anschaulich entspricht die Schmelzenthalpie (oder Wärmemenge) der Fläche unter der Kurve des DSC in der Abbildung oben.

AUSDEHNEN UND SCHRUMPFEN

Aufgrund der gegenüber Wasser[27] kleineren Dichte (und aufgrund der Tatsache, dass Bienenwachs mit Wasser nicht mischbar ist) schwimmt Bienenwachs sowohl im festen als auch flüssigen Zustand auf Wasser.
Wie viele andere Materialien auch dehnt sich Bienenwachs mit steigender Temperatur aus, die Dichte wird entsprechend kleiner. Die Änderung der Dichte ist beim Bienenwachs zudem stark von der Temperatur abhängig. Das bedeutet, dass sich Wachs z. B. beim Wechsel von 50° auf 51 °C stärker ausdehnt als bei einem Temperaturwechsel von 30° auf 31 °C. Dieser Effekt ist ab einer Temperatur von etwa 40 °C, also mit Beginn des Erweichungsbereichs T_s, besonders ausgeprägt. Daher können für Bienenwachs näherungsweise zwei thermische Ausdehnungskoeffizienten α_1 und α_2 (siehe Tabelle 6) angegeben werden [23], wobei α_2 als Mittelwert eines bis zur Schmelztemperatur weiter ansteigenden Koeffizienten anzusehen ist.

Wachsblock mit Rissen, der nach dem Gießen wahrscheinlich zu schnell abgekühlt ist. Risse können auch ein Zeichen für Schmutzpartikel und -einschlüsse sein.

Praktisch bedeutet das, dass sich eine 20 cm hohe Mittelwand aus Bienenwachs, die bei 25 °C in eine etwa 35° warme Bienenbeute gehängt wird, um etwa 0,7 mm ausdehnt. Die gleiche Mittelwand dehnt sich allerdings beim Erwärmen von 50° auf 60 °C, also kurz vor der Schmelztemperatur, um 3 mm aus.[28] Für die gesamte Temperaturspanne von 20° bis 65 °C dehnt sich die Mittelwand sogar um etwa 8,9 mm aus. Dieser Effekt ist z. B. beim Gießen von Kerzen zu bedenken, da sich das Wachs nach dem sichtbaren Erstarren deutlich zusammenzieht, wodurch sich Einkuhlungen am Kerzenboden bilden können. Kühlt sich das Wachs zu schnell ab, kann dieser Effekt insbesondere bei großen Wachsblöcken u. U. ursächlich für Risse sein.

26 Die physikalische Einheit von Energie, Wärme, Arbeit und Enthalpie ist identisch und lautet Joule [J].
27 Die Dichte von Wasser ist mit $\rho = 1{,}0$ g/ml definiert

28 Die lineare Ausdehnung ΔL eines Materials mit der Länge L_0 wird über $\Delta L \approx \alpha\, L_0\, \Delta T$ beschrieben.

WACHSPRODUKTION

Bienen produzieren nicht nur das Wachs zum Bau ihrer Waben. Wie bei anderen Insekten auch, ist das Chitin-Skelett mit einer dünnen Wachsschicht umgeben, um die Biene zusätzlich vor dem Austrocknen zu schützen [24]. Dieses sog. Kutikula-Wachs wird in ähnlicher Weise wie das Wabenwachs in speziellen Drüsen produziert und über dünne Poren ausgeschieden.

Die sehr viel größeren Mengen des Wabenwachses werden in vier Drüsenpaaren produziert, die sich auf der Bauchseite (ventral) am Hinterleib (Abdomen) der Arbeiterinnenbiene befinden. Diese Drüsengewebe sind je nach Alter der Biene mehr oder weniger gut entwickelt. In der mittleren Lebensphase einer Biene, also etwa vom 12. bis zum 18. Lebenstag [25], sind diese Drüsen am stärksten ausgebildet und zeigen die höchste Produktivität.

Über sehr dünne Poren oder Fasern gelangt das produzierte Wachs (auch als Jungfernwachs bezeichnet) an die Oberfläche der Wachsspiegel, wo es sich verfestigt. Wie aus einem fließfähigen Wachs in den Poren ein festes Wachs auf den Wachsspiegeln wird, ist nicht eindeutig geklärt. Möglicherweise kann die Fließfähigkeit in den Poren mit deren geringen Durchmesser erklärt werden, der je nach Quelle mit 2,5 bis 30 nm angegeben wird [26, 27, 25]. Bedenkt man, dass z. B. das auf S. 10 dargestellte Ester-Molekül eine gestreckte Länge von etwa 6,75 nm besitzt, befinden sich nur sehr wenige und zudem unterschiedliche Moleküle in einer Pore. Sofern überhaupt vorhanden, dürfte

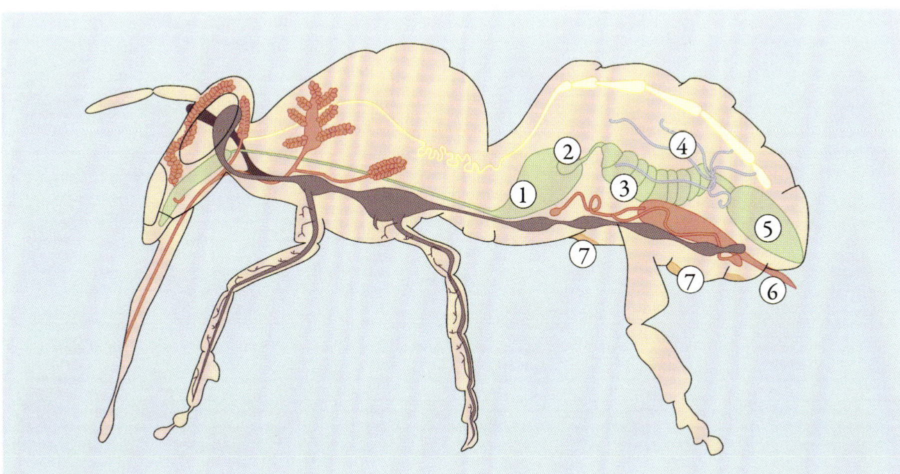

Der Hinterleib der Arbeiterinnen-Biene: 1 Honigmagen, 2 Honigventil, 3 Darm, 4 Nierenschläuche, 5 Kotblase, 6 Stachel, 7 Wachsdrüsen (je 2 Pärchen); (Quelle: Karsten Elze aus Pohl, 1 × 1 des Imkerns, Stuttgart 2017)

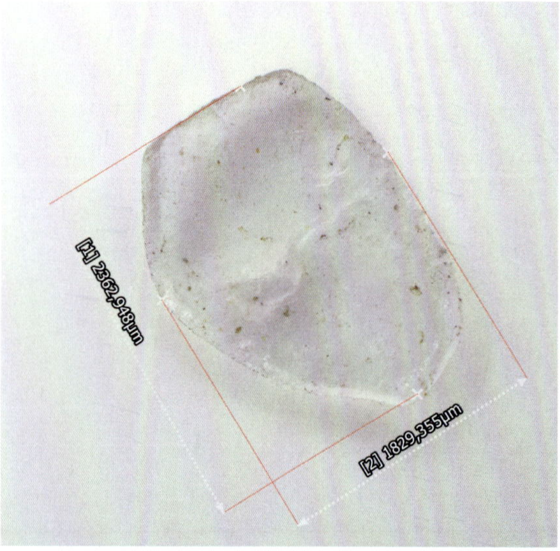

Wachsplättchen (Aufnahme mit Keyence VK-X3000; 360x vergrößert). Die bräunlichen Flecken stammen vom Gemüll am Beutenboden, von wo die Wachsschuppe aufgelesen wurde.

die kristalline Struktur, die das Wachs in einer so engen Pore ausbilden kann, sehr schwach sein. In der Folge sind die Moleküle sehr leicht gegeneinander verschiebbar und nehmen so einen „quasi-flüssigen" Zustand ein. Auf den Wachsspiegeln wird das Wachs aus vielen Poren vereint und kann aufgrund der dadurch vergrößerten Wachsmenge eine normale, feste Struktur ausbilden.

Die acht Wachsspiegel der Biene befinden sich auf der Unterseite der 3. bis 6. Bauchplatte und sind jeweils von der benachbarten Bauchplatte schuppenartig überdeckt. In dem so entstandenen Zwischenraum werden die fünfeckigen, annähernd ellipsenförmigen und leicht gekrümmten Wachsplättchen quasi als Abbild der Oberfläche des Wachsspiegels gebildet. Das Wachs scheidet sich dabei in Schüben [28] auf der Oberfläche ab und bildet eine sehr dünne Wachsschicht mit einer Schichtdicke von etwa 80 µm [29]. Je nachdem, wie lange das Wachsplättchen zwischen den Bauchplatten verbleibt, bevor es von der Biene „ausgeschwitzt" wird (also zwischen den Bauchplatten hervortritt), können sich zwischen dieser ersten Schicht und dem Wachsspiegel weitere Lagen mit ähnlicher Schichtdicke bilden, was zu unnormal dicken Wachsplättchen führen kann.

Das Gewicht eines Wachsplättchens wird in sehr vielen Beschreibungen [30, 31] entweder mit 0,0008 oder mit 0,001 g, also 0,8 bzw. 1 mg angegeben, ohne dass dabei verlässliche Quellen genannt werden. Wahrscheinlich gehen diese Angaben auf Beobachtungen von BUTTEL-REEPEN [32] und JORDAN [33] aus den Jahren 1915 bzw. 1962 zurück. In beiden Fällen sind jedoch die oben erwähnten unnormal dicken Plättchen beschrieben. Das durchschnittliche Gewicht eines normalen Wachsplättchens dürfte daher geringer ausfallen und bei etwa 0,3 mg liegen,[29] was durch einfaches Einwiegen bestätigt werden konnte. Dazu wurde eine größere Anzahl von intakten Wachsplättchen vom Beutenboden aufgesammelt und daraus das Gewichtsmittel bestimmt.

Die Wachsplättchen werden von den Bienen mit den Hinterbeinen aufgepiekst und zu den Mundwerkzeugen geführt, wo das Wachs gekaut und dabei sowohl in der kristallinen Struktur als auch in der chemischen Zusammensetzung (siehe Kapitel „Weitere Bestandteile: Die „Seele" des Bienenwachses", S. 16) verändert wird.

Das Jungfernwachs der Wachsplättchen besitzt eine anisotrope Kristallstruktur. Das heißt, dass die Moleküle im Wachs eine räumliche Orientierung haben. Durch das Kauen erhält das Wabenwachs eine isotrope Struktur. Es besitzt also keine kristalline Orientierung mehr. Das fertig gekaute Wabenwachs zeigt eine weitere, faszinierende Eigenschaft: Es ist gegenüber Jungfernwachs

29 Basierend auf der Annahme einer elliptischen Form eines Wachsplättchens mit etwa 2,5 mm Länge und 1,7 mm Breite sowie einer ungefähren mittleren Schichtdicke von 0,08 mm (80 µm).

Zucker	→	Kohlenwasserstoffe	+	Wasser	+	Kohlendioxid
$C_6H_{12}O_6$	→	$2\,[\text{-}CH_2\text{-}CH_2\text{-}]$	+	$2\,H_2O$	+	$2\,CO_2$
1 × 180 g/mol	→	2 × 28 g/mol	+	2 × 18 g/mol	+	2 × 44 g/mol

leichter zu bearbeiten und zu formen – und zwar in exakt dem Temperaturbereich, der üblicherweise auch im Beutenraum vorherrscht [34].

AUFWAND DER WACHSHERSTELLUNG

Für die Produktion von Wachs benötigen die Bienen neben Energie auch organisches Material, das zu den Kohlenwasserstoffen, Fettsäuren und anderen Stoffen des Bienenwachses umgewandelt wird. Als Ausgangsmaterial kommen die verschiedenen Zucker, insbesondere Glucose und Fructose, des Honigs infrage. In verschiedenen Publikationen wurden unterschiedliche, teils stark voneinander abweichende Angaben über die Menge an Zucker gemacht, die Bienen zur Herstellung von einem Kilogramm Wachs benötigen. Die Angaben reichen von 3,3 bis über 15 kg [25].

Glucose und Fructose gehören zu den Kohlenhydraten mit der allgemeinen chemischen Formel $(C_6H_{12}O_6)_n$. Die Umwandlung von Zucker in Fettsäuren ist ein in der Biologie verbreiteter Prozess – meist zum Aufbau von Energie-Reserven oder anders ausgedrückt: auch zum Aufbau unserer menschlichen Fettpölsterchen.[30] Bienen bilden keine Fettreserven im Körper, sondern schwitzen vergleichsweise große Mengen an Wachs aus. Die Umwandlung von Zucker in Fett- oder Wachsbestandteile ist stark vereinfacht die Biosynthese von Kohlenwasserstoffen $[\text{-}(CH_2)\text{-}]_n$ aus Kohlenhydraten $[\text{-}(C_6H_{12}O_6)\text{-}]_m$. In den Körperzellen ist dieser Prozess recht komplex und verläuft häufig über einige enzymatische Zwischenreaktionen. Diese lassen sich aber (wiederum vereinfacht) zu einer Gesamtreaktion (siehe oben) zusammenfassen.

Diese Reaktion zeigt, dass sich mit einem Zuckermolekül zwei Kohlenwasserstoff-Ketten um je zwei Kohlenwasserstoff-Einheiten $[\text{-}CH_2\text{-}CH_2\text{-}]$ verlängern lassen. Bei dieser Reaktion entsteht zusätzlich Wasser (H_2O) und Kohlendioxid (CO_2). Die Zahlen unter der Reaktionsgleichung sind die Molmassen von Zucker sowie der Reaktionsprodukte. Sie sind in der Summe rechts und links des Reaktionspfeils identisch und geben gleichzeitig das Verhältnis der eingesetzten Zuckermenge zu der in der Reaktion entstehenden Kohlenwasserstoff-Masse an. Mit anderen Worten können aus 180 g Zucker 56 g (2 × 28 g) Kohlenwasserstoffe gebildet werden. Als Minimum werden nach diesem extrem vereinfachten Prozess theoretisch für ein Kilogramm Wachs ca. 3,21 kg Zucker benötigt.

Tatsächlich liegen die oben genannten Angaben zur notwendigen Zuckermenge für die Herstellung von Bienenwachs teilweise deutlich über diesem theoretischen Wert. Offensichtlich hängt der Zuckerbedarf auch von den jeweiligen Begebenheiten ab, in denen sich das Bienenvolk befindet. Von WEISS [35] wurde aber auch mit 3,3 kg ein Wert angegeben, der sehr nahe am theoretischen Wert liegt. Daher ist davon auszugehen, dass Bienen unter günstigen Bedingungen in der Lage sind, den Zucker im Honig optimal für die Produktion von Bienenwachs zu nutzen.

30 Es ist für uns Menschen dabei tröstlich, dass diese Reaktion bei Nährstoff-Mangel reversibel ist, sich also umkehren kann. Ein Fettpölsterchen muss somit kein lebenslanger Begleiter von uns sein.

WABENBAU

Der Bau von Bienenwaben ist wohl einer der faszinierendsten Vorgänge in der Natur. Seit jeher staunen nicht nur wir Imker über den Eifer und die Präzision, die beim Bau der Waben vonnöten sind. Es mutet dabei fast wie ein Wunder an, wie die Bienen sich organisieren, um „ihren" Bauplan der Waben umsetzen.

Sollte es diesen einen grundlegenden Bauplan für Bienenwaben geben, müsste er quasi genetisch in jeder einzelnen Biene hinterlegt sein. Und dieser Plan müsste zudem zwischen allen Bienen synchronisiert sein, sodass jede Biene weiß, an welcher Stelle der Wabe sie wann zu bauen hat. Zwar gibt es Hinweise, dass junge Bienen beim Laufen über fertige Waben deren Struktur, Muster oder deren räumliche Ausrichtung erlernen können [36]. Das allein aber reicht als Erklärung für einen präzisen Wabenbau nicht aus. So besitzt etwa ein Bienenschwarm beim Baustart seiner Waben kein Wabenmuster, das er nachbauen bzw. an dem er sich orientieren könnte.

Ein Bauplan für die Bienenwaben wäre also enorm komplex. Wir müssen daher davon ausgehen, dass es einen solchen Masterplan zum Wabenbau in den Köpfen der Bienen nicht gibt. Wahrscheinlicher ist es, dass Bienen die Wabe, auf der sie gerade bauen, gar nicht als großes Ganzes sehen. Vielmehr nimmt eine Biene lediglich den kleinen Teil einer Wabe wahr, in dem sie gerade ihr gekautes Wachsbröckchen einbaut bzw. an dem sie gerade herumknabbert. Somit müsste es einen universellen Mechanismus geben, den die Biene an jeder beliebigen Stelle einer Wabe umsetzen kann und der in Summe aller einzelnen Tätigkeiten und im Zusammenwirken aller Bienen zu der regelmäßigen Struktur der uns bekannten Bienenwaben führt.

Jede Biene tragt ihren Teil zum Ganzen bei.

ZUSAMMENHANG VON KREISEN UND SECHSECKEN

Gleich große Kreise lassen sich stets lückenlos um einen ebenso großen zentralen Kreis legen. Die Mittelpunkte der äußeren Kreise bilden dabei stets ein Sechseck (siehe obere Skizze). Das Gleiche gilt für den Fall, dass sich die Kreise etwas überlappen. Die Schnittlinien der Kreise (Sekanten) stellen wiederum ein Sechseck dar (Skizze unten).

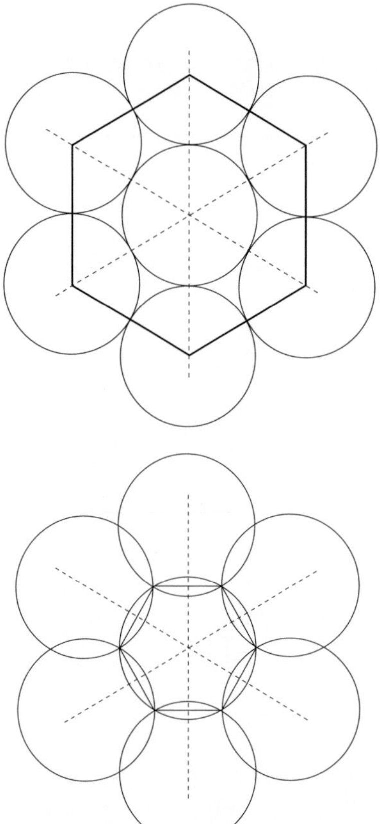

Sechs gleich große Kreise, die um einen gleich großen Zentralkreis angeordnet sind, bilden ein Sechseck.

Die sechseckige Struktur der Bienenwaben kann somit beschrieben werden als das Resultat von gleichzeitig und gleichmäßig nebeneinander gebauten, runden Formen, die sich zudem leicht überlappen.

UNIVERSELLER BAU-MECHANISMUS

Um zu verstehen, ob es einen solchen Mechanismus bei den Bienen geben kann, sollten wir für einen Moment gedanklich unsere Bienen verlassen und stattdessen den Blick auf andere regelmäßige Strukturen in der Natur richten. Solche Strukturen gibt es in der Tat zuhauf. Schauen wir zum Beispiel einmal auf ein Kochsalz-Korn, das jeder von uns in der Küche haben dürfte. Wenn wir uns die Mühe machen, ein solches Körnchen mit einer Lupe oder besser mit dem Mikroskop anzusehen, werden wir feststellen, dass jede Kante aller Kochsalz-Körnchen dieser Welt den exakt gleichen Winkel von 90° besitzt.

Ein anderes Beispiel sind Eiskristalle, die zusammengeballt als Schneeflocken vom Himmel fallen. Es scheint zwar unzählige Formen von Eiskristallen zu geben. Aber fast jeder von ihnen ist nahezu perfekt symmetrisch, zumeist sechseckig geformt. Und wie schon bei den Bienenwaben scheint es auch hier eine äußere Kraft zu geben, die diese erstaunlichen und wunderschönen Formen zu erschaffen vermag.

Neben Eiskristallen und Bienenwabe zeigt auch Graphit eine sechseckige Struktur. Graphit besteht aus Ringen von sechs Kohlenstoffatomen, die flächig perfekt aneinander liegen und so eine erstaunliche Ähnlichkeit mit der Aufsicht auf eine Bienenwabe aufweisen – allerdings auf atomarer Skala. Wie es scheint, ist das Sechseck eine immer wieder auftauchende Struktur, wenn sich Atome bzw. Moleküle aber auch größere, bewegliche Teilchen oder Kugeln selbstständig sortieren. Man denke nur daran, wie sich beispielsweise Kugeln in einer leicht gekrümmten Schale wie von selbst zu Sechsecken anordnen, sobald sie nach vielen gegenseitigen Stößen zur Ruhe gekommen sind (siehe auch Kasten).

Es ist daher naheliegend anzunehmen, dass bei dem Bau der Bienenwaben der gleiche oder zumindest ein ähnlicher Mechanismus vorherrscht wie bei der Entstehung von Kochsalz- oder Eiskristallen [37]. Um zu zeigen, dass diese Annahme nicht nur naheliegend, sondern auch plausibel ist, ist es zunächst sinnvoll, den Bildungsprozess geordneter Strukturen zu beschreiben.

MODELL GEORDNETER STRUKTUREN

Dazu gehen wir in einem Modell davon aus, dass jede geordnete Struktur aus kleinen Einheiten aufgebaut ist. Diese sogenannten kleinsten Teilchen sind im Falle von Kochsalz Natrium- und Chlorid-Ionen, und beim Eiskristall sind es Wassermoleküle. Und, um es vorwegzunehmen, werden wir später bei der Übertragung dieses chemischen Modells auf den Wabenbau als kleinste Teile der Wabenstruktur die von den Bienen gekauten Wachsbröckchen ansehen. Damit diese kleinsten Teilchen eine geordnete Struktur bilden können, müssen nach diesem (vereinfachten) Modell zumindest zwei Bedingungen erfüllt sein:
Zum ersten müssen die kleinsten Teilchen frei beweglich sein. Dazu müssen sie vereinzelt vorliegen und sich möglichst chaotisch bewegen können bzw. bewegt werden. Auf atomarer oder molekularer Ebene wird dazu ein Lösungsmittel benötigt, das die kleinsten Teilchen quasi an die entstehende Struktur herantransportiert. Dieses Lösungs- oder auch Transportmittel ist entweder eine Flüssigkeit oder ein Gas, in dem sich das kleinste Teilchen zu lösen vermag.[31]

Als zweite Bedingung müssen die kleinsten Teilchen die Tendenz besitzen, sich mit anderen kleinsten Teilchen zu verbinden. Gleichzeitig aber müssen die kleinsten Teilchen eine etwa gleich starke Tendenz zeigen, genau das Gegenteil zu tun, nämlich sich vom Lösungsmittel aus dem Teilchenverbund herauslösen zu lassen. Diese zweite Bedingung klingt etwas sinnlos, da sich die beiden Tendenzen (wir können sie auch als Reaktionen bezeichnen) gegenseitig aufheben – zumindest für den Fall, dass die beiden Reaktionen bzw. Tendenzen exakt gleich stark bzw. gleich schnell sind. In diesem Fall ist ein Gleichgewicht der beiden Reaktionen erreicht, was dazu führt, dass sich keine Struktur bilden kann oder sich eine existierende Struktur nicht verändert. Von außen betrachtet befindet sich die Struktur dann in einem Ruhezustand. Auf atomarer bzw. molekularer Ebene existiert jedoch ein ständiges Hin und Her von zwei gegenläufigen Reaktionen, weshalb dieser Zustand als dynamisches Gleichgewicht bezeichnet wird.
Wir müssen uns dabei vorstellen, dass in einem scheinbar ruhenden System – etwa Kochsalz in einer gesättigten Kochsalzlösung – eine unvorstellbar große Zahl an Salz-Teilchen in Lösung gehen und im gleichen Zeitraum exakt gleich viele Teilchen in die Struktur des Salzkristalls eingebunden werden. Wenn nun aber eine der beiden Reaktionen, z. B. die Tendenz der Kristall- oder Strukturbildung ein kleines bisschen stärker ist als die Tendenz des Herauslösens, wird der Salzkristall (langsam) wachsen. Finden also beispielsweise pro 1.000.000 Hinreaktionen (Kristallisation eines Teilchens) nur 999.999 Rückreaktionen (Lösen eines Teilchens) statt, verbleibt ein Teilchen mehr im Kristallverbund als herausgelöst werden. Dieser Vorgang wiederholt sich unzählige Male, was wir letztendlich als Kristallwachstum wahrnehmen.

31 Im Falle der Kugeln in der gekrümmten Schale erfolgte die Vereinzelung durch das Einfüllen in die Schale. Dabei wird den einzelnen Kugeln so viel Bewegungsenergie zugeführt, dass diese sich frei in der Schale bewegen können.

Aus Sicht eines kleinsten Teilchens bedeutet das, dass es viele, viele Male an verschiedenen Stellen an die sich bildende Struktur gebunden und wieder abgelöst wird. Die verschiedenen Stellen, an denen das Teilchen kurzzeitig angebunden ist, sind dabei für das Teilchen unterschiedlich attraktiv. An einer Stelle, an der das Teilchen besonders fest und damit stabil angebunden ist, wird es wahrscheinlich etwas länger verweilen als an Stellen, die weniger attraktiv sind. Und mit der Dauer des Verweilens steigt auch die Wahrscheinlichkeit, dass dieses kleinste Teilchen an exakt dieser Stelle dauerhaft in der Struktur verbleibt, da weitere kleinste Teilchen vom Lösungsmittel herantransportiert werden und sich mitunter an das vorherige Teilchen anbinden.

Was dabei die Attraktivität einer Stelle in einer Struktur ausmacht, ist von Struktur zu Struktur unterschiedlich – wird aber auf molekularer Ebene im Wesentlichen von energetischen Wechselwirkungen zwischen Teilchen und Kristallstruktur bestimmt. Im Resultat erhalten wir eine Struktur, die sich nicht willkürlich chaotisch bildet, sondern bevorzugt und selektiv an den attraktiven Stellen wächst und dabei neue attraktive Stellen schafft, die wiederum bevorzugt von nachrückenden kleinsten Teilchen besetzt werden. Auf diese Weise wird eine geordnete Struktur erzeugt bzw. die Ordnung der Struktur fortgeführt.

Je langsamer sich dabei eine Struktur bildet (je kleiner also der Unterschied der beiden oben beschriebenen Tendenzen von Binden und Lösen ist), um so geordneter wird diese Struktur in der Regel sein, da sich dadurch die Wahrscheinlichkeit vergrößert, dass jedes kleinste Teilchen an einer attraktiven Stelle positioniert wird. Bei sehr schnell gebildeten Strukturen haben die kleinsten Teilchen weniger Zeit, eine attraktive Stelle zu finden. Dann werden kleinste Teilchen auch an unattraktiveren Stellen in die Struktur eingebettet, was zur Folge hat, dass die Struktur unselektiv und damit ungeordnet wächst.

Geordnete Strukturen lassen sich also mithilfe dieses Modells aus dem Zusammenspiel von Bindungstendenzen und chaotischer Bewegung erklären.

DYNAMISCHE UNORDNUNG DES WABENBAUS

Wie schon angedeutet lässt sich dieses Modell auf den Bau der Bienenwaben übertragen. Dazu nehmen wir an, dass die kleinsten Teilchen einer Bienenwabe die kleinen Wachsbrocken sind, die eine Biene in ihrem Mund kaut und transportiert. Diese Wachsbrocken werden nicht einfach von einer Biene in die Wabenstruktur eingebaut, sondern sie werden von Biene zu Biene weitergegeben, sodass wir die Bienen als Transportmittel für die Wachsbrocken ansehen können. Die Brocken werden aber nicht nur durch die Gegend getragen, sondern ab und an irgendwo auf der Wabe abgelegt bzw. angedockt. Dort wiederum bleibt der Brocken aber nicht einfach liegen, sondern wird von einer anderen Biene wieder abgeknabbert, wenn ihr dieser Brocken im Weg liegt. Dieses Verhalten wurde auch als „Anlagern-Abtragen-Modell“ (attachment-excavation model)[32] beschrieben [38] und konnte für die initiale Phase des Wabenbaus mithilfe von Simulationen bestätigt werden. M. R. BELIĆ hat in ähnlicher Weise die Selbstorganisation des Wabenbaus mithilfe eines mathematischen Modells [39] auf Basis von Biene/Biene- und Biene/Wabe-Interaktionen beschrieben.

Je mehr Bienen sich also an einem Wachsbrocken stören, umso eher und schneller

32 Dieses Modell entspricht der zweiten Bedingung des beschriebenen Modells zur Strukturbildung kleinster Teilchen.

Spielnäpfchen

wird es dort zumindest teilweise wieder verschwinden und an einer anderen Stelle in der Wabenstruktur eingebaut bzw. abgelegt.[33] So geht es vielleicht viele Male weiter, bis quasi durch Zufall der Brocken an einer Stelle liegt, an der sich wenige oder keine Bienen daran stören. Dieses Vorgehen verlangt natürlich das Zusammenspiel von vielen Bienen. Und tatsächlich konnte gezeigt werden, dass eine weiselrichtige Population von zumindest 50 Bienen für den Wabenbau notwendig ist [40, 41]. Unterhalb dieser kritischen Menge werden keine Waben gebaut.

Um den weiter oben verwendeten Begriff der Attraktivität zu gebrauchen, sind beim Wabenbau diejenigen Stellen besonders attraktiv, an denen ein Wachsbrocken am wenigsten im Weg liegt. Das ist bevorzugt am Rand der Wabe der Fall, wodurch die Wabe weiter nach außen wächst. Dort wird nicht nur die mittlere Wabenwand erweitert, sondern es entstehen zeitgleich die Zellenwände, allerdings stets in einem exakten Abstand zur nächsten Zellenwand, sodass sich eine Biene jederzeit zwischen diesen Wänden bewegen kann, bzw. in die entstehende Zelle hineinkrabbeln kann. Dadurch sind die entstehenden Zellwände den Bienen nicht im Weg. Zudem bieten sie sich sogar als attraktive Stellen für Wachsbröckchen an, was die Zellwände in die Höhe wachsen lässt. Auf diese Weise entsteht die bekannte Wabenstruktur, bei der nahezu der gesamte, mit Wachs umbaute Raum für die Bienen zugänglich bleibt. A. Weber beschreibt dieses Vorgehen in seinem Wachsbuch [42] in fast schon liebevoller Weise so: „Die Bienen drücken dabei nicht mit den Köpfen in die Kuhlen, sondern arbeiten ganz unabhängig als Einzelbauer, wobei sie Wachspartikel lediglich anheften oder wegnehmen. Aus diesen Kuhlen wird beidseitig ein Muster, das letztlich die ausgezogenen Zellen trägt." Beim Bau der Zellen würden die Bienen sicherlich runde Formen bevorzugen, da damit ein optimales Verhältnis von verbautem Wachs und geschaffenem Raum erreicht wird. Diese runde Form sehen wir etwa beim Bau ihrer Spielnäpfchen. Erst im Zusammenspiel vieler Bienen, die gleichzeitig an allen Stellen der Wabe bauen, entsteht die bekannte sechseckige Struktur [43].

33 Pierre-Paul Grassé hat eine solche indirekte und dezentrale Kommunikation bei sehr vielen beteiligten Individuen 1959 als Stigmergie bezeichnet [65].

Randbereich einer frei gebauten Wabe

Besonders schön lässt sich das Zusammenwirken von zwei dynamischen, runden Strukturen bei Seifenblasen beobachten. Vereinen sich zwei Seifenblasen, geben sie beim Zusammenballen ihre ideal runde Form zugunsten einer planaren Mittelwand zwischen den beiden Blasen auf. Das Gleiche passiert, wenn Bienen gleichzeitig von beiden Seiten an den Trennwänden von zwei Zellen arbeiten – wobei hier der entscheidende Faktor die Gleichzeitigkeit ist. Dabei werden die Mittelwände von beiden Seiten solange abgeknabbert, bis eine hauchdünne Mittelwand mit einer Stärke von ca. 0,07 mm stehen bleibt. Mithilfe der Fühler und Mandibeln wird während des Baus durch stetiges Drücken bzw. Klopfen [44] gegen die Mittelwand deren Dicke "gemessen" bzw. „kontrolliert".

Während die Wabe nach außen wächst, werden auf diese Weise gleichzeitig die Grundrisse der Wabenzellen geschaffen. Man sollte dabei annehmen, dass eine Wabe an allen Rändern gleichzeitig wächst, was zur Folge hätte, dass Waben kreisrund oder aber zumindest im Halbkreis um den Startpunkt der Wabe wachsen würden. Das ist aber nicht der Fall, wie jeder Imker zu berichten weiß. Vielmehr bilden sich in der frühen Bauphase einer neuen Wabe tropfenförmige Formen. Diese auffallende Ähnlichkeit erstaunt schon deshalb, da wir Tropfen nur von fließfähigen Substanzen kennen, das Wachs der Bienenwabe aber während der Bauphase zu keinem Zeitpunkt flüssig war.

Kehren wir zur Erklärung dieses scheinbaren Widerspruchs noch einmal zu der ersten Bedingung zurück, die wir im Rahmen des beschriebenen Modells aufgestellt haben. Demnach muss es für die Wachsbröckchen ein Transport- oder Lösungsmittel geben, damit diese Bröckchen frei bewegt werden können. Nach unserem Modell bilden unsere Bienen dieses „Lösungsmittel" für die Wachsbröckchen. Diese Annahme ist nicht so absurd, wie es im ersten Moment zu sein scheint, da sich die Bienen in ähnlich chaotischer Weise wie die einzelnen Teilchen eines echten Lösungsmittels bewegen und dabei mitunter ein Wachsbröckchen transportieren. Dadurch können wir der Bienenhülle, die die Wabe im Bau umgibt, einige Eigenschaften einer Flüssigkeit zusprechen. Dennoch ist dieser Vergleich etwas gewagt, da die kleinsten Teilchen in einer Flüssigkeit natürlich sehr viel kleiner sind und deren Anzahl viel größer ist. Innerhalb unseres Modells aber können wir annehmen, dass die Wachsbröckchen die Waben quasi als „gelöste" Wachsteilchen" in einem „Bienen-Lösungsmittel" „umfließen". Eine sich bildende Wabe, wie sie in der Abbildung rechts zu sehen ist, lässt sich damit während der Bauphase als ein „Flüssigkeits-Tropfen" mit

einem erstarrten Kern beschreiben – womit sich die sich daraus bildende Tropfenform ansatzweise erklären lässt.
Die Übertragung des hier vorgestellten Modells des „dynamischen Gleichgewichts“, das seine Ursprünge in der chemischen Reaktionskinetik hat, soll aber keine ausschließliche und abschließende Erklärung des Wabenbaus darstellen. Es soll vielmehr gezeigt werden, dass es keinen genetisch gespeicherten Masterplan geben muss, den unsere Bienen akribisch abarbeiten. Vielmehr scheint auch die geordnete Struktur der Bienenwaben – wie so häufig in der Natur – paradoxerweise aus chaotischen Bewegungen bzw. aus einem chaotisch dynamischen Zustand heraus zu entstehen.
Es gibt darüber hinaus viele weitere Einflüsse, die beim Wabenbau eine Rolle spielen und die den hier beschriebenen Mechanismus sogar überdecken können, etwa wenn ein Teil der Wabe zurückgebaut wird, um einer Weiselzelle Platz zu machen. Teilweise sind diese Einflüsse wie die Schwerkraft (siehe Kapitel „Zellenneigung“, S. 57) oder die direkte Kommunikation der Bienen untereinander bereits beschrieben. Andere Einflüsse werden zumindest diskutiert wie das Erlernen junger Bienen von bestehenden Strukturen [36, 45, 46]. Die Annahme, dass sich die sechseckige Form der Zellen durch Zusammenfließen von ehemals runden Wachsstrukturen bildet [47], wurde mittlerweile widerlegt [48] – was mit dem hier beschriebenen Modell bestätigt werden kann.

Frei gebaute, tropfenförmige Bienenwabe

Mit diesem sehr rationalen Erklärungsansatz möchte ich keineswegs den Wabenbau unserer Bienen entzaubern. Die Faszination für die Leistung der Bienen, für die Präzision der Waben und die Schönheit der Natur ist mir persönlich auch durch meine Überlegungen und die logische Umsetzung von wissenschaftlichen Modellen nicht abhandengekommen.
Möglicherweise sieht der ein oder andere Leser unsere Bienen nun eher als Ordnungstalente denn als filigrane Baumeister. Richtig aber ist, dass die Bienen beides sind: sowohl Baumeisterinnen als auch Ordnungsgenies!

WABENSTRUKTUR

Trotz aller Präzision, die Bienen bei ihrem Wabenbau an den Tag legen, gibt es natürliche Abweichungen, was sowohl die Maße als auch die Form und Ausrichtung der Waben angeht. Dies liegt auch daran, dass sich der Wabenbau über einen relativ langen Zeitraum erstreckt, in dem sich äußere Gegebenheiten wie Temperatur, Trachtvorkommen, Bienenanzahl uvm. stetig ändern. Dennoch lassen sich Bienenwaben aufgrund ihrer Regelmäßigkeit sehr gut mathematisch beschreiben. Neben der Vermessung von Wabe und Zellen wird in diesem Kapitel auch der geometrische Aufbau einer Bienenwabe beschrieben.

Waben lassen sich zumeist präzise vermessen.

KONSTRUKTION

Bienen bauen ihre Waben als ebene oder leicht gewellte, flache Gebilde, die nahezu parallel verschoben, nebeneinander hängend angeordnet sind. Jede Wabe besitzt auf beiden flachen Seiten etwa senkrecht stehende, dünne Wände, die im Winkel von 120° zueinander angeordnet sind. Die dabei entstehenden sechseckigen Zellen haben die Form hexagonaler Prismen, die zudem um einige Grad gegenüber der Normalen nach oben gekippt sind.[34]

Die Zellen der beiden Wabenseiten sind durch eine gemeinsame Mittelwand getrennt und um das Zellenmaß z (siehe Kasten auf Seite 61) versetzt zueinander angeordnet (siehe auch Kasten auf Seite 58). Der Boden eines solchen Prismas besteht aus drei Rauten (oder Rhomben), die in der Zellenmitte einen Winkel von 109° 28' [49] besitzen. Hierbei erstaunt nicht nur die Genauigkeit der Winkelmessung,[35] sondern vor allem die Tatsache, dass dieser Winkel exakt dem sog. Tetraederwinkel von 109,47° entspricht. Unsere Bienen bauen also den Boden ihrer Zellen mit exakt dem Winkel, der in der (euklidischen) Geometrie, aber auch in vielen chemischen Molekül- oder Kristallstrukturen eine herausragende Bedeutung hat. Es ist wohl als sicher anzusehen, dass es sich hierbei weder um einen Zufall noch um eine bewusst geplante Konstruktion unserer Bienen handelt. Der Grund für diese bemerkenswerte Übereinstimmung ist vielmehr in den geometrischen Eigenschaften eines Tetraeders zu finden.

34 Die Größe des Winkels variiert und wird als ungefährer Mittelwert mit 13° angegeben [50, 44].

35 Müllenhof hat 1883 den Winkel im Bogenmaß angegeben. Dieser entspricht dem uns geläufigeren Dezimalwinkel von 109,46°

KONSTRUKTION EINER BIENENWABE AUF BASIS EINES TETRAEDER-BAUSTEINS

Zur Konstruktion einer Bienenwabe gehen wir von einem Tetraeder aus, bei dem wir eine beliebige Fläche als Vorderfläche und die verbliebene vierte Ecke als hintere Ecke definieren. Die Dreiecke, die von den vorderen Ecken mit dem Mittelpunkt aufgespannt werden, sollen gelb eingefärbt werden. Die übrigen drei Dreiecke aus Mittelpunkt und hinterer Ecke werden grau eingefärbt.

1

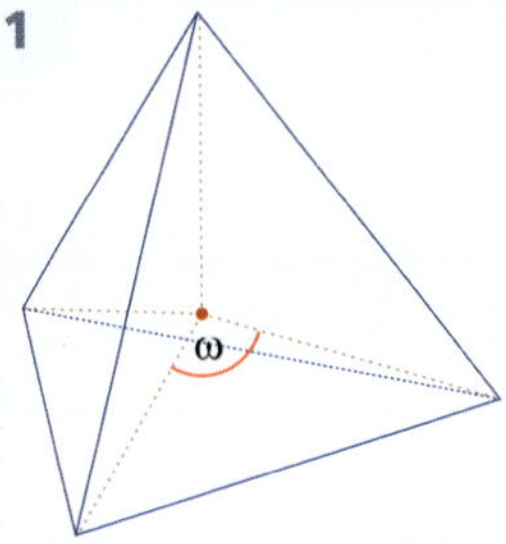

2

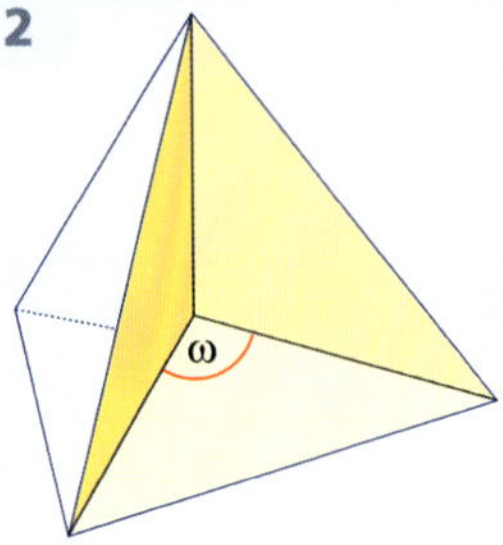

3

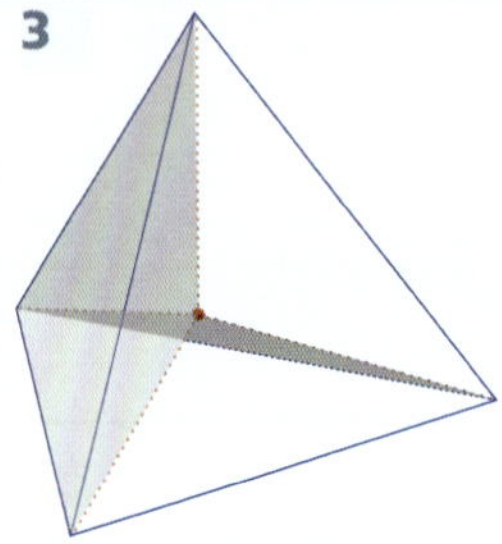

1 Tetraeder mit eingezeichnetem Mittelpunkt (rot) samt gestrichelten Linien zu den Tetraederecken sowie Tetraederwinkel ω.

2 Gelb markierte Dreiecke, die von Mittelpunkt und den vorderen Ecken aufgespannt sind.

3 Grau markierte Dreiecke, die von der hinteren Tetraederecke aufgespannt sind und im rechten Winkel zur vorderen Tetraederfläche stehen.

Blicken wir frontal auf diesen Tetraeder, sodass die Vorderseite in der Bildebene liegt (1), laufen die gelben Dreiecke hinter der Bildebene im Mittelpunkt des Tetraeders zusammen. Drehen wir den Tetraeder um 180°, blicken wir auf die Rückseite und sehen wiederum die gelben Dreiecke, die jetzt jedoch aus der Bildebene herausragen. Ebenso sehen wir die grauen Dreiecke, die senkrecht zur Bildebene stehen und daher als graue Striche dargestellt sind (3).

4

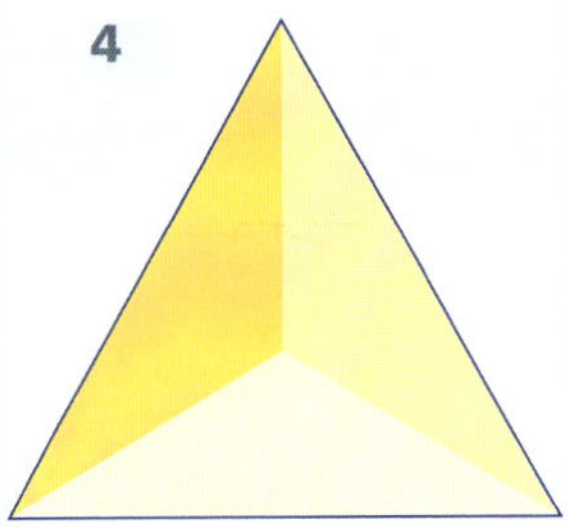

5

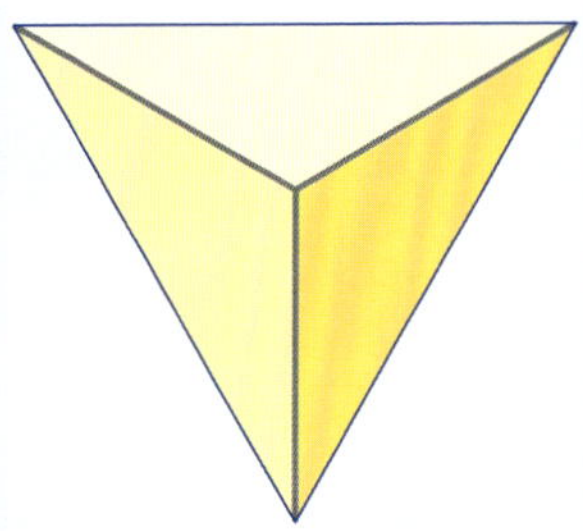

4 Frontale Sicht auf die vordere Tetraederfläche ...

5 ... und auf die hintere Tetraederecke.

Wir ordnen nun mehrere dieser Tetraeder derart an, dass sich deren Mittelpunkte hinter der Bildebene befinden und sich die Ecken der Vorderflächen berühren (10). In die dabei entstehenden freien Dreiecke legen wir nun jeweils einen um 180° gedrehten Tetraeder, sodass deren Mittelpunkte aus der Bildebene herausragen. Jeweils zwei der gelben Dreiecke von zwei benachbarten Tetraedern ergeben auf diese Weise eine Raute. Die Gesamtheit aller so entstandenen Rauten bilden die Mittelwand der Bienenwabe. Die aus der Bildebene herausragenden grauen Dreiecke bilden für eine Wabenseite die Basis der sechseckigen Waben, die von den Bienen weiter ausgebaut werden. Es ist zu erkennen, dass die Seitenlänge des Tetraeders der Breite der entstandenen Zelle entspricht.

6

7

8

9

10

6 Dreiecke mit Vorderfläche in der Bildebene

7 Zusätzlich ein Tetraeder um 180° gedreht eingefügt.

8 Die Dreiecke vereinen sich zu einer Raute, weshalb die blauen Hilfslinien weggelassen wurden.

9 Weitere Tetraeder ergänzt

10 Vollständig geschlossene, aus Tetraedern aufgebaute Wabenstruktur.

TETRAEDER-STRUKTUR

Tetraeder sind geometrische Körper mit vier gleichen Flächen bzw. vier gleichseitigen Dreiecken. Der erwähnte Tetraederwinkel wiederum ist der Winkel, den zwei Ecken eines Tetraeders mit dessen Mittelpunkt aufspannen (siehe Seite 54). Ein Tetraeder lässt sich relativ anschaulich konstruieren, indem man vier gleiche Kugeln so zueinander positioniert, dass jede Kugel die gleiche Entfernung zu den anderen Kugeln hat: Drei Kugeln bilden ein Dreieck, die vierte Kugel liegt mittig darauf. In diesem Fall bilden die Zentren der Kugeln die Ecken eines Tetraeders.

Im Inneren dieser vier Kugeln lässt sich ein weiterer „innerer" Tetraeder konstruieren, der für das Verständnis des Wabenbaus eine entscheidende Rolle spielt: Die beschriebenen vier Kugeln berühren sich insgesamt an sechs Punkten. Diese sechs Punkte bilden gleichzeitig die Mittelpunkte der sechs Seitenkanten des so entstehenden inneren Tetraeders, dessen Seitenlänge etwas kleiner als der Durchmesser der vier Kugeln ist. Etwas leichter kann man sich dieses Konstrukt vorstellen, wenn man von einem Tetraeder-Gerüst ausgeht, auf dessen vier Seiten man eine Kugel mit dem Durchmesser der Tetraeder-Seitenlänge legt. Diese Kugeln ragen dann ein wenig in den Tetraeder hinein und berühren sich in der Mitte der Tetraeder-Seiten.

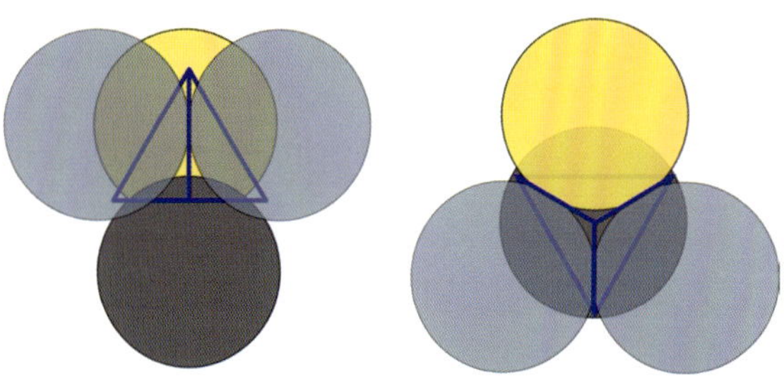

Darstellung des „Inneren Tetraeders" zwischen vier eng gepackten Kugeln. Die Kugeln wurden lediglich zur Anschaulichkeit eingefärbt.

Schiebt man nun diese (kompressiblen) Kugeln (z. B. Luftballons) gleichmäßig derart zusammen, dass kein Platz zwischen den Kugeln verbleibt, berühren sie sich im Tetraeder-Mittelpunkt. Die „Kugeln" besitzen dann keine Berührpunkte mehr, sondern Berührflächen, die am Mittelpunkt des Tetraeders einen Winkel von 109,47° besitzen. In ähnlicher Weise geschieht dies auch beim Wabenbau. Nur werden hier keine runden Zellen aufeinander geschoben. Vielmehr bauen die Bienen ihre Zellen von Beginn an so, dass zwischen ihnen kein Platz oder Hohlraum verbleibt. Da die Bienen am Wabenrand stets gleichzeitig aus vier Richtungen ihre (runden) Zellen bauen, müssen sie sich im Bereich des Zellenbodens den Platz mit drei benachbarten Zellen teilen. Im Ergebnis entsteht die gleiche Struktur wie beim Zusammendrücken der vier Luftballons. Die Zellen treffen sich also in einem gedachten Tetraeder, weshalb die Flächen eines Zellenbodens einen (Tetraeder-)Winkel von 109,47 Grad besitzen.

Diese Überlegung setzt allerdings voraus, dass die Bienen beim Bau der Wabe runde Zellen bevorzugen. Erst durch das gleichzeitige Überlappen der runden Strukturen entstehen Flächen, die beim Zusammenstoßen von drei Zellen in einem Winkel von 120° zueinanderstehen, während bei vier Zellen der besagte Tetraederwinkel von 109,4° entsteht. – Wenn sich also in der Bienenwabe tetraedrische Strukturen nachweisen lassen (die bloße Anwesenheit von Tetraederwinkeln reicht dazu nicht aus), wäre dies neben der Beschreibung auf Seite 48 ff. ein weiterer und sehr deutlicher Hinweis auf die instinktiv runde Bauweise der Bienen.

Wie im Kasten (Seite 54 f.) dargestellt wird, sind solche Strukturen in einer Bienenwabe tatsächlich vorhanden. Mehr noch: Die Mittelwand der Wabe lässt sich vollständig und ausschließlich mit Tetraedern als „Bausteine" konstruieren. Mit anderen Worten ist eine Bienenwabe das Ergebnis von lauter sich leicht überlappenden runden Zellen, die im weiteren Bauverlauf nach außen als hexagonale Prismen bzw. als sich überlappende Zylinder fortgeführt werden.

ZELLENNEIGUNG

Eines der faszinierendsten und zugleich rätselhaftesten Phänomene der Bienenwaben ist der bereits erwähnte Winkel, in dem die Bienen die Wabenzellen leicht gekippt nach oben bzw. gegen die Schwerkraft bauen. Wird eine im Bau befindliche Wabe gedreht, passen die Bienen beim Weiterbau die Neigung entsprechend an. Es wird dabei als „historische Wahrheit“ [50] angesehen, dass die Bienen die Waben schräg nach oben bauen, damit der später eingelagerte Honig nicht herausfließen kann. Diese Theorie wurde jedoch niemals bewiesen und – da sie so sehr einleuchtend klingt – auch kaum hinterfragt.
Eine solche Theorie würde allerdings einiges voraussetzen: Die Bienen müssten erstens beim Wabenbau bewusst Kammern bzw. Zellen errichten – was nach den vorausgegangenen Ausführungen zumindest anzuzweifeln ist. Die Bienen müssten zweitens bereits beim Bau wissen, was ihre Schwestern später in den Kammern einlagern. Und schließlich müssten sich die Bienen drittens mit dem Fließverhalten von dynamisch viskosen Flüssigkeiten auskennen und viertens über das technische Wissen verfügen, wie ein Ausfließen konstruktiv verhindert werden kann. – Bei aller Hochachtung unseren Bienen gegenüber scheint das unmöglich. Tatsächlich konnten OEDER und SCHWABE zeigen [50], dass Bienen auch in „invertierten“, also um 180° gedrehten und dadurch nach unten gekippten Zellen sowohl Brut anlegen als auch Honig einlagern und ihn wie gewohnt verdeckeln – ohne dass dieser zuvor aus den Zellen ausläuft. Es ist also aus Sicht der Lagerfähigkeit gar nicht notwendig, die Zellen schräg zu bauen.

Lässt man Bienen in der Schwerelosigkeit ihre Waben bauen [51], entstehen ebenfalls gekippte Zellen. Allerdings neigen sich diese Zellen dann nicht einheitlich in eine Richtung, sondern bilden in unterschiedlichen Bereichen der Wabe Domänen von Zellen, die mal in die eine, mal in eine andere Richtung ausgerichtet sind. Somit ist der Neigungswinkel ein konstruktives Phänomen, das von den Bienen verursacht wird. Während unter normalen Bedingungen die Ausrichtung der Neigung von der Schwerkraft bestimmt wird.
OEDER und SCHWABE vermuten, dass durch die Neigung der Zellen ein Teil der Gewichtskräfte z. B. des Honigs in der Zelle auf die Mittelwand gelenkt und die Wabe dadurch stabilisiert wird. Aber auch diese recht plausible Vermutung erklärt das Phänomen der geneigten Zellen nicht, da den Bienen auch dieser statische Vorteil beim Bau der Zellen nicht bewusst sein dürfte.
Es muss an dieser Stelle daher offenbleiben, warum die Bienen ihre Zellen geneigt konstruieren. Trösten wir uns damit, dass wir ihnen an dieser Stelle ein Geheimnis bewahren!

Es fällt mir ein wenig schwer, dieses wunderschöne Bild zu entzaubern, nach dem unsere Bienen spezielle Honigkammern bauen, um den Honig dort liebevoll zu bevorraten. Vielleicht können wir diese „historische Wahrheit“ als eine Art Bienen-Märchen unseren Enkeln weitererzählen, um sie so der Nachwelt zu bewahren.

ORIENTIERUNG

Beim näheren Betrachten der Bienenwabe fällt auf, dass diese Konstruktionsweise Waben mit zwei etwas unterschiedlichen Seiten erzeugt. Auf der einen Seite treffen sich in der Mitte einer Zelle die drei Zellwände der anderen Wabenseite in Form eines „Y“, was

ORIENTIERUNG DER BIENENWABEN

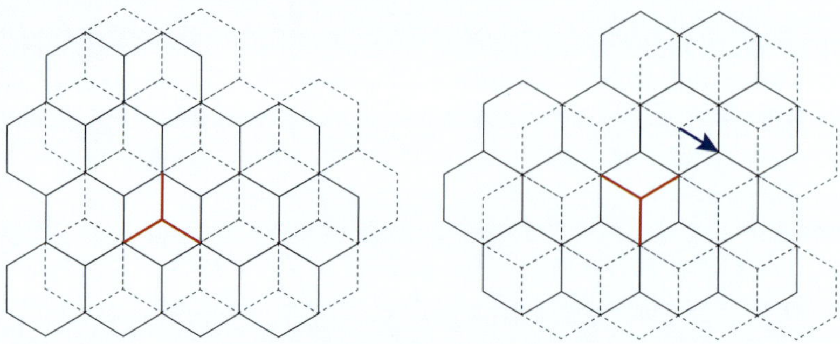

Zwei Seiten einer Wabe mit durchscheinenden „Y" (links) bzw. mit „kopfstehenden Y" (rechts). Waben der Vorderseite sind schwarz gezeichnet; Waben der Rückseite sind grau gestrichelt. Beide Wabenseiten sind um das Wabenmaß z (blauer Pfeil) verschoben.

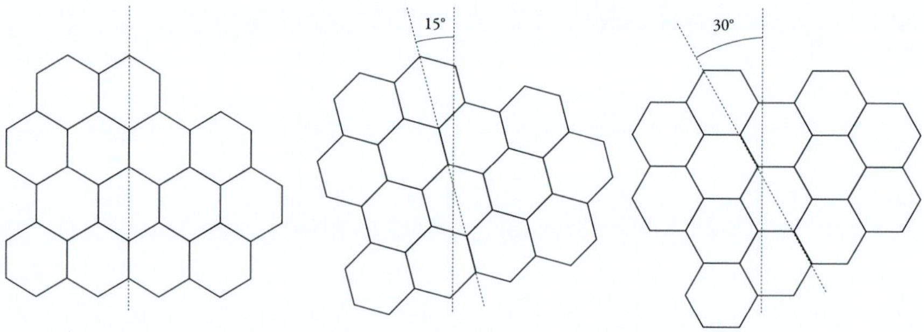

Orientierungen von Bienenwaben: vertikal (links), schräg (mittig, Beispiel mit einem Kippwinkel von 15°), horizontal (rechts).

sich gut erkennen lässt, wenn man im Gegenlicht „durch" die Wabe schaut. Von der anderen Seite der Wabe betrachtet, dreht sich dieses Bild um, sodass das „Y" auf dem Kopf steht.

Nach einer Beobachtung, die einem Herrn MICHAEL HOUSEL zugesprochen[36] wird, bauen Bienen ihre Waben stets so, dass die Wabenseite, auf der ein „Y" zu erkennen ist, nach außen zeigt. Nach der daraus abgeleiteten Housel-Theorie orientieren sich Bienen anhand dieser Wabenausrichtung in der Bienenbeute und sind mit „richtig" ausgerichteten Waben weniger gestresst, sanftmütiger und besitzen einen geringeren Schwarmtrieb. Allerdings ist diese Theorie wissenschaftlich weder beschrieben noch diskutiert und muss daher (noch) dem recht großen Gebiet der imkerlichen Folklore zugeordnet werden. Auf der anderen Seite ist der Aufwand für uns Imker überschaubar, diese Theorie durch entsprechendes Ausrichten der Waben praktisch zu überprüfen. Unabhängig von der Wabenseite sind die Zellen im Wabenverbund vorzugsweise senkrecht angeordnet [52], sodass zwei Spit-

36 Da diese Beobachtung ausschließlich in Sekundärquellen, insbesondere auf diversen Internet-Seiten beschrieben wird, kann an dieser Stelle keine belastbare Quelle genannt werden.

zen des Sechsecks auf einer vertikalen Geraden liegen. Obwohl sich die Bienen nach GONTARSKI [53] sowie MARTIN und LINDAUER [44] dazu an der Schwerkraft orientieren, sind häufig kleinere Abweichungen von dieser Vorzugsrichtung zu beobachten. In selteneren Fällen ist der Wabenbau horizontal orientiert, was einer Abweichung von 30° gegenüber der Vertikalen entspricht.

MITTELWÄNDE

Lässt man Bienen frei (also ohne vorgefertigte Mittelwand) bauen, werden überwiegend Arbeiterinnenzellen gebildet. Wohldosiert kommen – meist am Rand einer Wabe – Drohnenzellen hinzu. Dies ist gleich in zweifacher Hinsicht erstaunlich, da zum einen der Wechsel von Arbeiterinnen- auf Drohnenzellen einen plötzlichen Bruch der bestehenden Wabenstruktur bedeutet. Zum anderen sorgen die Bienen auf diese Weise allein mithilfe des Wabenbaus für ein ausgewogenes Verhältnis von Drohnen zu Arbeiterinnen im Bienenvolk. Wie es den Bienen kollektiv gelingt, von einem auf das andere Zellenmaß zu wechseln, muss an dieser Stelle offenbleiben.
Werden den Bienen für den Bau der Waben Mittelwände angeboten, bauen sie das in der Mittelwand eingeprägte Muster 1:1 nach. Es entstehen dadurch fast ausschließlich Arbeiterinnenzellen.[37] Werden dann ab und an Rähmchen ohne Mittelwand zugegeben (sog. Drohnen- oder Leerrähmchen),[38] bauen die Bienen dort überwiegend Drohnenzellen. Es scheint also, als würden die Bienen in diesem Moment den Bau der fehlenden Drohnenzellen nachholen.
Mittelwände wurden erstmals von Johannes Mehring [54] im Jahr 1858 vorgestellt, also nur fünf Jahre, nachdem A. VON BERLEPSCH [55] und L. LANGSTROTH [56] nahezu gleichzeitig den Wabenrahmen erfunden haben. Rahmen (oder Rähmchen) und Mittelwände haben sich seitdem in der modernen Imkerei mit Magazinbeuten etabliert bzw. diese überhaupt erst ermöglicht.
Seit einigen Jahren entwickelt sich ein Trend zu einer Imkerei mit Naturwabenbau. Die Bienen bauen dann die komplette Wabe mit eigenem Wachs, was eine deutlich erhöhte Wachsproduktion der Bienen verlangt. Diese Imkerweise mag auf dem ersten Blick naturnäher sein. Auf dem zweiten Blick sollte aber bedacht werden, dass unsere heutigen Bienen eine hochspezialisierte Spezies darstellen, die seit Jahrzehnten auf Honigertrag gezüchtet wurde und dabei – unterstützt durch Mittelwände – möglicherweise „verlernt“ hat, große Mengen an Wachs zu produzieren. So gesehen würde vielleicht sogar der Naturwabenbau unsere heutigen Bienen mehr stressen als das Ausbauen von Mittelwänden.

---

37 Mittelwände und entsprechende Gießformen haben heute eine Standardprägung, die den Bienen eine Zellenbreite von 5,4 mm (z = 3,1 mm) und damit den Bau von Arbeiterinnenzellen vorgeben [67].

38 Drohnenrähmchen werden u. a. eingesetzt, um Schwarmstimmung abzuschwächen und Varroa-Befall einzudämmen [68].

WABENMASSE

Bienenwaben sind sehr gleichmäßige Gebilde. Die Länge, Breite und Tiefe von Zellen sowie deren Abstände zueinander lassen sich recht genau bestimmen. Allerdings schließen solche Angaben immer naturbedingte Ungenauigkeiten mit ein. Dies ist beispielsweise gut an Stellen zu erkennen, an denen zwei separat gebildete Wabenzungen „zusammengewachsen" sind.
Wie oben gezeigt wurde, sind die extrem komplex anmutenden Bienenwaben aus relativ einfachen, sich stetig wiederholenden geometrischen Körpern aufgebaut. So ist es auch nicht verwunderlich, dass wenige Maße wie Zellengröße und -länge sowie etwa der Abstand zweier Waben zueinander ausreichen, um eine Bienenwabe mathematisch zu erfassen.

ZELLENMASS

Die Größen dieser Zellen werden üblicherweise über Zellenbreite, also den Abstand der parallel gebauten Seitenwände der Zelle beschrieben. Wie wir weiter oben gesehen haben, entsteht die sechseckige Struktur der Waben durch Überlappen von kreisförmigen Gebilden, die einen etwas größeren Durchmesser besitzen als die Breite der Zellen. Die Bienen streben beim Wabenbau demnach eine Zellengröße an, die dem Abstand von zwei gegenüberliegenden Ecken entspricht. Daher scheint es an dieser Stelle sinnvoll zu sein, ein Zellenmaß z auf Basis dieser Zellengröße, die dem Außenradius des Sechsecks entspricht, zu definieren (siehe Kasten).
Wie schon erwähnt bauen Bienen Arbeiterinnen- und Drohnenzellen, die sich durch ihre Größe unterscheiden. E. RADEMA-

Zwei Startwaben „wachsen" zusammen.

DAS ZELLENMASS Z EINER WABENZELLE

Regelmäßige Sechsecke besitzen gleiche Seitenlängen sowie gleiche Innenwinkel von 120° und lassen sich in sechs gleichseitige Dreiecke einteilen. Der Außenradius r_A des Außenkreises A (blau) entspricht dabei der Seitenlänge eines dieser Dreiecke und somit auch der Seitenlänge des Sechsecks.

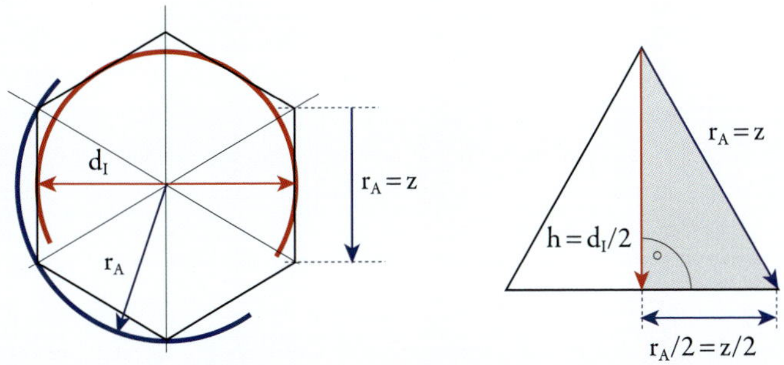

Geometrische Verhältnisse eines regelmäßigen Sechsecks und gleichseitigen Dreiecks.

Üblicherweise wird bei Bienenwaben die Größe einer Zelle mit deren Breite entsprechend dem Innendurchmesser dI des Innenkreises I (rot) angegeben. Da der Grundriss der Wabenzelle aus sich überlappenden Außenkreisen gebildet wird (siehe Kasten auf S. 46), scheint es sinnvoll zu sein, das Zellenmaß z einer Wabenzelle auf Basis des Außenradius r_A zu definieren, wobei sich folgende, recht einfache Zusammenhänge ergeben:
Zellenmaß = Außenradius r_A = Seitenlänge einer Zelle = z
Zellenhöhe = Außendurchmesser $d_A = 2 * z$
Zellenbreite[39] = Innendurchmesser $d_I = \sqrt{3} * z \approx 1{,}73 * z$, bzw. $z = d_I/\sqrt{3}$
Mit der Definition des Zellenmaß z lassen sich die Größen aller Brutzellen, also auch von runden Weiselzellen oder den Spielnäpfchen, leichter vergleichen (siehe Tabelle 7).

39 Die Höhe h teilt ein gleichseitiges Dreieck in zwei spiegelverkehrte, rechtwinkelige Dreiecke (in der Skizze grau gekennzeichnet). Nach dem Satz-von-Pythagoras gilt daher:
$z^2 = h^2 + \left(\frac{z}{2}\right)^2 \leftrightarrow h^2 = z^2 - \left(\frac{z}{2}\right)^2 \leftrightarrow z^2 - \frac{1}{4}z^2 = \frac{3}{4}z^2 \leftrightarrow h = \frac{\sqrt{3}}{2}z$ Es gilt: $d_I = 2h \rightarrow d_I = 2\frac{\sqrt{3}}{2}z = \sqrt{3}z$.

CHER [36] konnte bestätigen, dass die optimale Zellenbreite von Arbeiterinnenzellen zwischen 5,3 bis 5,5 mm (z = 3,06 bis 3,18 mm) liegt. Die Größe der Drohnenzellen wird hingegen mit 6,91 mm (z = 3,98 mm) angegeben [45]. Die Weiselzelle hat einen Durchmesser von etwa 8 mm, der sich jedoch durch etwas bauchige Form auf bis zu 10 mm ausweitet [57]. Vergleichen wir das Zellenmaß der Drohnenzelle mit dem kleinsten Zellenmaß der Weiselzelle (siehe Tabelle 7), liegen beide bei z ≈ 4,0. Das lässt vermuten, dass die Bienen bei Weisel- und Drohnenzellen mit dem gleichen Zellenmaß beginnen. Somit existieren möglicherweise nur zwei Zellenmaße, zwischen denen die Bienen beim Wabenbau wählen können:
z ≈ 3,1 mm für Arbeiterinnenzellen und
z ≈ 4,0 mm sowohl für Drohnen- als auch für Weiselzellen. Weiselzellen sind vor allem deshalb größer, da sie alleinstehend gebaut werden und dabei eine bauchige Form annehmen können. Anders als Drohnen- oder Arbeiterinnenzellen werden Weiselzellen in ihrer Ausdehnung also nicht durch benachbarte Zellen eingeschränkt.

BIENENABSTAND

Das Zellenmaß lässt sich darüber hinaus mit dem sog. Bienenabstand („bee space") in Bezug setzen. Der Bienenabstand wurde 1851 von L. L. LANGSTROTH entdeckt und in sein Patent für Magazinbeuten eingebracht [56]. Demnach wird in einer Bienenbeute ein Spalt oder ein Zwischenraum von 1⁄4 bis 3⁄8 in (Zoll oder inch), also ca. 6,4 bis 9,6 mm, von den Bienen nicht verschlossen. Kleinere Spalten als der Bienenabstand werden mit Propolis zugekittet, größere mit Wachs zugebaut.

Der Vergleich des Bienenabstands mit den Außendurchmessern der Wabenzellen in Tabelle 7 zeigt, dass beide Bereiche (Außendurchmesser: 6,12 bis 10,0 mm sowie Bienenabstand: 6,4 bis 9,6 mm) im Rahmen der Mess- bzw. Bestimmungsgenauigkeit nahezu deckungsgleich sind. Durch diese erstaunliche Übereinstimmung wird deutlich, dass der Bienenabstand die maximale Größe der Wabenzellen limitiert. Würde eine (oder mehrere) Biene eine Zelle mit einem größeren Durchmesser als etwa 10 mm anlegen, kämen andere Bienen möglicherweise auf die „Idee", diese Zelle mit kleineren Zellen zuzubauen – ähnlich, wie es Bienen beispielsweise bei entsprechend großen Zwischenräumen in der Beute machen.

Auch den kleinsten Bienenabstand von etwa 6,4 mm findet man im Wabenbau. So beträgt die Breite einer typischen Wabengasse (siehe unten) recht genau dem Zweifachen des kleinsten Bienenabstands. Zwei Bienen können auf diese Weise in einer Wabengasse Rücken an Rücken aneinander vorbeilaufen. Eine Biene hat demnach etwa 6,4 mm Platz, um sich auf einer Wabe uneingeschränkt bewegen zu können. Dabei ist zu bedenken, dass es die Bienen selbst sind, die beim Bau der Waben diesen Platz frei lassen. Es ist daher davon auszugehen, dass dieser Abstand den optimalen Raum bietet, damit die Bienen auf den Waben problemlos laufen, arbeiten, schlafen und tanzen können.

Der kleinste Bienenabstand entspricht zudem dem Durchmesser der Arbeiterinnen-Zellen, also dem zweifachen Zellenmaß z. Somit lassen die Bienen beim Bauen zwischen zwei Zellen den gleichen Platz, der ihnen auch zwischen zwei Waben zur Verfügung steht, um so räumlich uneingeschränkt die Wabenzellen errichten zu können.

WABENABSTAND

Eine weitere beschreibbare Größe im Wabenbau ist die Länge bzw. Tiefe der einzelnen Zellen. Die Tiefe einer Brutzelle für Arbeiterinnen wird mit ca. 12 mm angegeben, die der Drohnenbrut mit 15 mm [44].

	ZELLENBREITE (INNEN-DURCHMESSER) [MM]	ZELLENMASS Z [MM]	AUSSENDURCH-MESSER ≙ 2Z [MM]
Arbeiterinnen	5,3 – 5,5	3,06 – 3,18	6,12 – 6,36
Drohnen	6,9	3,98	7,96
Königinnen („Weiselzellen")		4,0 – 5,0	8,0 – 10,0

Tabelle 7: Maße der verschiedenen Zellengrößen; mithilfe des Zellenmaß z können die drei Zellenarten verglichen werden.

Teilweise mit Pollen gefüllte Waben

Im Naturwabenbau befindet sich nach J. DZIERŻON dazwischen eine Wabengasse von ½ in (Zoll) bzw. 12,7 mm, also etwa das Doppelte des minimalen Bienenabstands (s.o.). Aus der Größe der Wabengassen sowie der Zellentiefe ergibt sich der mittlere, natürliche Wabenabstand (Wabenmitte zu Wabenmitte) von etwa 35 bis 38 mm. Dieser Abstand war Grundlage bei der Auslegung von modernen Magazinbeuten.

Die Tiefe der Honigzellen kann gegenüber denen der Brutzellen deutlich variieren, was man mitunter im Honigraum beobachten kann: Wird ein Rähmchen mit einer unausgebauten Mittelwand neben eine bereits ausgebaute Wabe gehängt, kann es vorkommen, dass die Wabengasse dazwischen nicht mittig gebildet wird, da an beiden Waben weitergebaut wird. Die Wabenzellen der ausgebauten Waben sind am Ende deutlich länger als die der neu ausgebauten Wabe. Die Bienen bauen diese Waben somit so lange weiter, bis der DZIERŻON-Abstand erreicht ist. Die Bienen können so in der Wabengasse noch problemlos auf den beiden Waben aneinander vorbeilaufen.

TEIL 2: WACHSKREISLAUF

GRÜNDE FÜR EINEN WACHSKREISLAUF

Die von Bienen gebauten Waben werden vom Imker früher oder später aus einer Bienenbeute entnommen. Sei es bei der Brutentnahme, beim Einengen der Völker im Winter oder auch bei Krankheiten sowie bei Schimmelbildung auf den Waben. Das in diesen Waben enthaltene Altwachs, vor allem aber auch das im Wildbau sowie in das Drohnenrähmchen gebildete Jungwachs ist ein wertvoller Rohstoff. Zum einen für unsere Bienen in Form von Mittelwänden zur Unterstützung beim Ausbau von Waben. Zum anderen für uns Imker, die Bienenwachs in vielfältiger Weise weiterverarbeiten. Es wäre somit fahrlässig, Altwaben einfach zu entsorgen. Es sollte der minimale Anspruch eines jeden Imkers sein, das Bienenwachs zumindest zu sammeln und einem Händler zum Verkauf oder Tausch gegen Mittelwände anzubieten.
Imker, die einen Wachskreislauf betreiben, gehen noch einen Schritt weiter und arbeiten das Alt- und Jungwachs selbst auf, um daraus für die eigenen Bienen Mittelwände aus gereinigtem Wachs zu gießen. Dieser Schritt ist sicherlich aufwendiger als der Verkauf des Wachses. Aber wie wir sehen werden, ist ein Wachskreislauf ohne Probleme umsetzbar und bietet deutliche, wenn nicht sogar zwingende Vorteile. An dieser Stelle sei erwähnt, dass ein Wachskreislauf natürlich nur dann sinnvoll ist, wenn der Imker durch Einlöten von Mittelwänden den Wabenbau seiner Bienen vorgibt und unterstützt. Imker, die ihre Imkerei nach dem Prinzip des Naturbaus betreiben, geben kein Wachs in die Beuten zurück und benötigen entsprechend keinen Wachskreislauf.
Oftmals wird zwischen einem offenen und einem geschlossenen Wachskreislauf unterschieden, wobei mit offen das Ausschleusen von Altwachs aus dem Kreislauf gemeint ist. Es wird also nur Jungwachs in den Kreislauf zurückgegeben. Bei einem geschlossenen Wachskreislauf geschieht das nicht, sondern es wird das gesamte Wachs aus der Beute im Kreislauf geführt. Allerdings entsteht früher oder später auch bei einem geschlossenen Wachskreislauf mehr Wachs als man für die Mittelwände benötigt, sodass auch aus einem geschlossenen Kreislauf irgendwann Wachs entnommen bzw. für andere Zwecke verwendet wird. Allerdings ist die-

Neben den gut begründbaren Argumenten für den Betrieb eines Wachskreislaufs möchte ich ein persönliches voranstellen: Mir macht das Arbeiten mit Wachs große Freude. Es ist immer wieder schön zu erleben, wie man mit einfachen Mitteln aus alten, scheinbar unbrauchbaren Bienenwaben einen hell leuchtenden Rohstoff gewinnen kann. Hinzu kommt ein gewisses Erfolgserlebnis, wenn man mit etwas Geschick und Wissen das an manchen Stellen schwer zu beherrschende und nur im heißen Zustand verarbeitbare Bienenwachs zu „zähmen" weiß.
Neben dem Honig ist Wachs das zweite wichtige Produkt, das unsere Bienen herstellen. Bienenwachs aufzuarbeiten und wiederzuverwerten, ist für mich eng verbunden mit dem Respekt, den ich vor den Bienen und ihrer Arbeit habe – ähnlich wie beim behutsamen Umgang mit dem Honig.

ses Wachs dann – anders als beim geschlossenen Kreislauf – eine Mischung aus Alt- und Jungwachs.
Dieses Buch beschreibt drei unterschiedliche Wachskreisläufe, da es nicht nur zwischen Alt- und Jungwachs, sondern auch zwischen Eigen- und Fremdwachs unterscheidet (siehe Tabelle 9, S. 73). Der einfache Wachskreislauf folgt dabei dem Prinzip des geschlossenen Kreislaufs, während der Jungwachs-Kreislauf dem offenen Kreislauf entspricht. Der Eigenwachs-Kreislauf hingegen ist eine Zwischenform, da hier zunächst nach dem offenen Prinzip Fremdwachs ausgeschleust wird, dann aber – sobald sich kein Fremdwachs mehr in der Imkerei befindet – auf einen geschlossenen Kreislauf gewechselt wird (s. Umschlag vorne).

KOSTEN

Der naheliegende Grund, das eigene Wachs für neue Mittelwände zu nutzen, ist sicherlich die Kostenersparnis gegenüber dem Kauf von fertigen Mittelwänden. Ein Blick auf den preislichen Verlauf der letzten Jahre zeigt, dass Bienenwachs als Rohstoff immer begehrter wird (siehe Abbildung). In die Preisentwicklung spielt sicherlich auch hinein, dass es schwieriger geworden ist, auf dem Weltmarkt Bienenwachs in ausreichend guter Qualität – sprich: Reinheit – zu bekommen. Somit werden auch Mittelwände für uns Imker stetig teurer werden.
Da in den ersten Imkerjahren wenig eigenes Wachs anfällt, sind für den Jungimker solche Mittelwände alternativlos. Hat ein Imker erst einmal ausreichende Mengen an Wachs gesammelt, kann er daraus seine eigenen Mittelwände gießen und diese Kosten einsparen. Dagegen sind allerdings die Kosten für die zum Wachsgießen notwendige Gerätschaften zu stellen, etwa für eine Mittelwand-Gießform. Viele Imkervereine besitzen aber eine solche gemeinschaftliche Gießform, sodass hier lediglich eine etwaige Leihgebühr anfällt. Somit sollte sich in den allermeisten Fällen ein Wachskreislauf sehr schnell amortisieren.

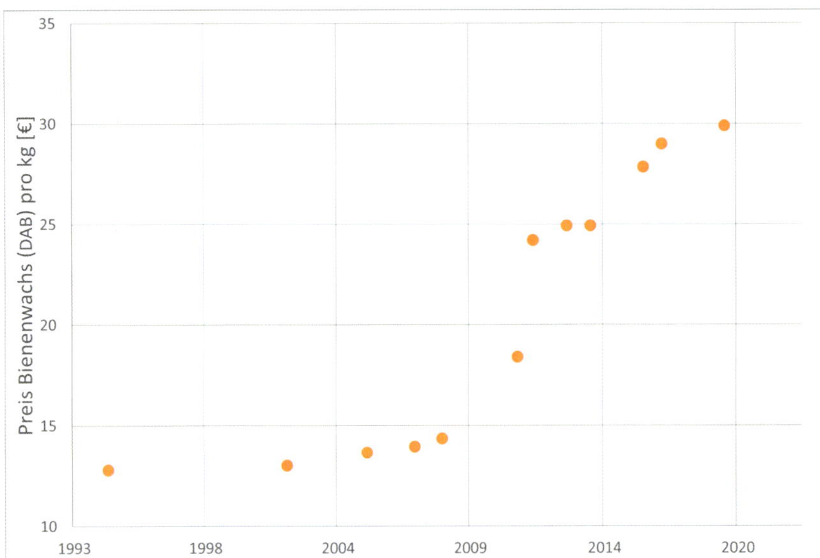

Entwicklung des Wachspreises [58]

BEDEUTUNG VON BIENENWACHS

Zeidler im Wappen der Stadt Feucht

Bienenwachs war bis in das 19. Jahrhundert hinein ein begehrter und entsprechend wertvoller Stoff. Manchen Quellen zufolge wurde der Wert des Wachses sogar über den des Honigs gestellt, obwohl Honig als Süßungsmittel in jenen Zeiten ebenso alternativlos war wie Wachs als Kerzenmaterial. Einer Anekdote meines Imkervaters nach [59], wurde aus dem süßen, dunklen Sud, der beim Einschmelzen der Waben als „Abfallprodukt" entstand, ein energiereiches Gebäck hergestellt. Das wurde den Jakobspilgern auf ihre mitunter lebensgefährliche Reise nach Santiago de Compostela mitgegeben. Das Rezept und der Name dieses „Überlebenskuchens" sind bis heute in leicht geänderter Form als „Lebkuchen" erhalten geblieben.
Es wundert nicht, dass diese Anekdote aus der Gegend um Nürnberg stammt, da insbesondere der Nürnberger Reichswald ein Zentrum der Zeidlerei war. Die Zeidler betrieben eine besondere Form der Imkerei, die Wald- oder Baumimkerei, später auch Klotzimkerei. Es ist möglich, dass die Zeidler bevorzugt das Wachs der im Wald lebenden Wildbienen geerntet oder herausgeschnitten haben und der Honig tatsächlich „nur" Nebenprodukt war. Der Name Zeidler hat sich wohl aus dem althochdeutschen zidęlarę = hęraųsschneiden gebildet. Die Bedeutung bzw. der Wert des Bienenwachses in jenen Zeiten lässt sich an den Privilegien ablesen, die den Zeidlern zugesprochen wurden. Neben der eigenen Gerichtsbarkeit war es vor allem das Recht, eine Armbrust zu tragen, was die Zeidler stolz in ihr Zunftwappen aufgenommen haben.
Später wurden auch in der Zeidlerei die Bienen domestiziert und dazu zunächst in Klotzbeuten, später – wie anderenorts seit längerer Zeit üblich – in Körben oder ähnlichen „Stülpern" gehalten, durch die wir Imker (von imka, zusammengesetzt aus imme = Bienen(volk) und Ka = Korb) auch zu unserem Namen gekommen sind.
Mit der Korbimkerei konnte sowohl Wachs als auch Honig gezielter als bei der Waldimkerei geerntet werden. Gleichzeitig stieg der Bedarf insbesondere an Wachs für Kerzen stetig an, sodass Bienenwachs weiterhin ein sehr begehrtes Produkt blieb.
Erst mit dem Anbau von Zuckerrohr in Europa und später die Produktion von synthetischen Wachsen hat die Imkerei ab dem 19. Jahrhundert stark an Bedeutung verloren. Für den heutigen Imker spielt der Verkauf von Bienenwachs nur eine untergeordnete Rolle. Der Absatz beschränkt sich typischerweise auf Kerzen oder andere Bienenwachs-Produkte – sofern sich der Imker die Mühe macht, das Bienenwachs vorher aufzuarbeiten. Häufig wird altes Bienenwachs bequem gegen etwas Geld oder im Tausch gegen Mittelwände an Händler abgegeben. Mit diesem Verlust der Wertschätzung wurde das Wachs zum reinen Kostenfaktor in der Imkerei. So gesehen ist der schon beschriebene Wachsskandal quasi eine logische Folge dieser rein auf Kosten ausgerichteten Imkerei.
Allerdings hat dieser Skandal zusammen mit der Rückstands-Problematik auch zu einem Umdenken in der Imkerschaft gesorgt. Das Bewusstsein, dass die Qualität des Bienenwachses im direkten Zusammenhang zur Gesundheit unserer Bienenvölker steht, wird sich dadurch hoffentlich auf Dauer bei uns Imkern etablieren.

VERFÄLSCHUNGEN

Imker ohne Wachskreislauf vertrauen darauf, dass Mittelwände in ausreichender Menge und gewünschter bzw. deklarierter Qualität verfügbar sind. Vor allem in den Jahren 2016 bis 2019 machte jedoch eine Reihe von Artikeln in Fachzeitschriften auf Bienenwachs aufmerksam, das mit Fremdzusätzen wie billigen Paraffinen und Stearin gestreckt wurde. Die negativen Folgen für die Imker, die Mittelwände aus solchem Bienenwachs eingesetzt haben, sind vielfältig (siehe Kasten, S. 21). Und da die Beweisführung sowie die juristische Verfolgung schwierig sind, hat in der Regel der Imker nicht nur den imkerlichen Schaden, sondern auch die Kosten zu tragen. Es ist zudem davon auszugehen, dass nur ein Bruchteil des verfälschten Wachses erkannt wurde und der überwiegende Teil über Tausch oder Verkauf von Rohwachs zurück in den gewerblichen Handel gelangt ist. Mit anderen Worten heißt das wohl, dass sich die Paraffine, wenn auch in der Konzentration verdünnt, noch immer in käuflichem Bienenwachs befinden.

Imker, die gekaufte Mittelwände einsetzen, sollten daher ausschließlich auf zertifizierte Wachse zurückgreifen und auch beim Händler nachhaken, was die jeweilige Zertifizierung aussagt und welche Reinheit garantiert wird. Um ganz sicherzustellen, dass das Wachs im Wachskreislauf frei von Fremdzusätzen ist, sollte ein Imker sobald wie möglich von einem einfachen (geschlossenen) Wachskreislauf auf einen Eigenwachs-Kreislauf wechseln (siehe Tabelle 8), bei dem Fremdwachs gezielt ausgeschleust wird und so letztendlich aus dem Wachskreislauf verschwindet.

FREMDSTOFFE

Bei ihren Sammelflügen können Bienen unerwünschte Fremdstoffe wie Insektizide oder Herbizide eintragen und somit u. U. das Bienenwachs belasten – vor allem dann, wenn diese Stoffe fett- und damit wachslöslich sind (siehe „Wachs als Lösungsmittel“ auf Seite 34). Bei normalen Analysen von Mittelwänden wird das Bienenwachs in der Regel nicht auf diese Fremdstoffe hin untersucht. Zudem werden diese Stoffe auch bei einer Umarbeitung bzw. beim Entseuchen nicht aus dem Wachs entfernt.

Je länger also Wachs in der Bienenbeute verbleibt und je häufiger es im Wachshandel zirkuliert, umso größer ist die Gefahr, dass sich darin wachslösliche Fremdstoffe ansammeln. Dies ist somit ein weiterer, wichtiger Grund, möglichst wenig Fremdwachs zuzukaufen.

Bei einem Eigenwachs-Kreislauf (also einem Kreislauf ohne Fremdwachs) ist es zudem empfehlenswert, das Altwachs Stück für

	PRINZIP	WACHS FÜR MITTELWÄNDE	FREMDZUSÄTZE	FREMDSTOFFE
(einfacher) Wachskreislauf	geschlossen	Alt- und Jungwachs; ggf. Fremdwachs	nicht auszuschließen	nicht auszuschließen
Eigenwachs-Kreislauf	zunächst offen, später geschlossen	eigenes Alt- und Jungwachs	auszuschließen	nicht auszuschließen
Jungwachs-Kreislauf	offen	nach Möglichkeit nur eigenes Jungwachs	auszuschließen	minimiert

Tabelle 8: Die drei Wachskreisläufe, zwischen denen in diesem Buch unterschieden wird.

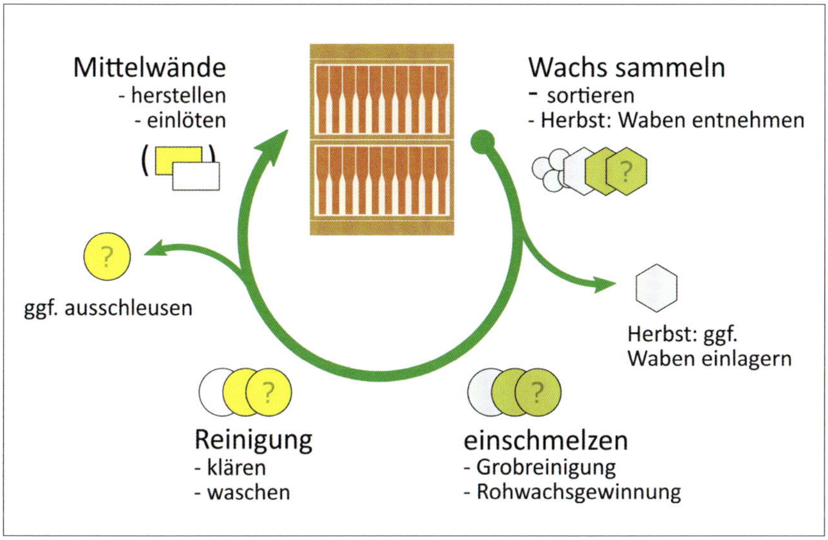

Schema eines Wachskreislaufs: Jungwachs (weiß, grau), eigenes Altwachs (gelb) und Fremdwachs (gelb mit Fragezeichen).

Stück auszuschleusen und nur das gesammelte Jungwachs zu Mittelwänden zu verarbeiten (siehe unten). Erst wenn die Menge an Jungwachs dazu nicht ausreicht, wird auf das eigene Altwachs zurückgegriffen. Auf diese Weise erhält man einen Jungwachs-Kreislauf, beim dem das Wachs neben einer Unverfälschtheit auch ein Maximum an Reinheit aufweist.

DIE VIER SCHRITTE EINES WACHSKREISLAUFS

Ein Wachskreislauf kann sinnvollerweise in die vier Arbeitsschritte Wachs sammeln, einschmelzen und reinigen sowie verarbeiten aufgeteilt werden. Jeder dieser Schritte beschreibt einen oder mehrere abgeschlossene Arbeitsvorgänge und wird in diesem Buch in einem separaten Kapitel beschrieben. Auch wenn insbesondere die Reinigungsschritte ggf. mehrfach über das Jahr verteilt durchgeführt werden, orientiert sich ein Wachszyklus am Bienenjahr. Er beginnt im Frühsommer mit dem Sammeln des Wachses und endet typischerweise im Winter mit dem Gießen der Mittelwände. Geschlossen wird der Kreis dann im nächsten Jahr mit dem Aufsetzen der Honigräume, in denen sich die frischen, eingelöteten Mittelwände befinden.

Zum Wachskreislauf hinzu kommen weitere Schritte wie das Einlagern geeigneter Waben, die nicht eingeschmolzen werden müssen, sowie das ebenfalls im obigen Schema angedeutete Ausschleusen von Fremdwachs (oder zu einem späteren Zeitpunkt überschüssiges Eigenwachs), das wiederum vielfältig weiterverwendet werden kann. Allerdings wird die Verarbeitung von Wachs abseits des Wachskreislaufs, etwa zu Kerzen oder Wachstüchern, in diesem Buch nicht thematisiert.

ERSTER SCHRITT: WACHS SAMMELN

Beim Sammeln des Wachses unserer Bienen sollten wir uns bewusst sein, dass das Bienenwachs aus unseren Bienenbeuten in „Wachssorten" unterteilt werden kann, die sich potenziell in ihrer Reinheit unterscheiden. Potenziell deshalb, da natürlich nicht jedes zugekaufte Wachs verfälscht ist, also gepanscht wurde. Und nicht jedes Altwachs in unserer Bienenbeute ist auch mit Fremdstoffen kontaminiert. Da aber ein Imker weder willens noch in der Lage ist, stetig das eigene Wachs analysieren zu lassen, kann durch getrenntes Sammeln dieser Wachssorten die Gefahr von unreinem Wachs zumindest minimiert werden. Wie wir noch sehen werden, ist der dazu notwendige Aufwand durchaus überschaubar.

Daher sollte beim Sammeln von Wachs sowohl zwischen Fremd- und Eigenwachs als auch zwischen Jung- und Altwachs unterschieden werden. Als Fremdwachs ist das Wachs anzusehen, das in Form von Mittelwänden zugekauft wurde – also nicht von den eigenen Bienen stammt. Waben, die zuvor mit diesen Mittelwänden ausgestattet wurden, enthalten zwar nur noch ein Teil an Fremdwachs, da die Bienen beim Ausbauen der Waben eigenes Wachs hinzugefügt haben. Dennoch wird das gesamte Wachs, das aus solchen Waben stammt, weiterhin als Fremdwachs bezeichnet. Dieses Wachs sollte sobald wie möglich aus einem Wachskreislauf ausgeschleust werden. Altwaben, also Waben, die ein oder mehr Jahre in einer Beute hingen, können aber auch komplett aus Eigenwachs bestehen. Dazu muss bereits die Mittelwand dieser Wabe aus Eigenwachs hergestellt worden sein. Zur Unterscheidung zwischen Wachs aus eigenen Altwaben und Wachs aus fremden Altwaben („Fremdwachs") werden wir in diesem Buch den Begriff „Altwachs" ausschließlich für Wachs verwenden, dass komplett von den eigenen Bienen stammt.

Um Altwaben aus Fremdwachs und Altwachs später separat einschmelzen zu kön-

EIGENWACHS		FREMDWACHS
Jungwachs	Altwachs	
— Deckelwachs — Wachs aus Drohnenrähmchen — Wildbau	— Wachs aus Altwaben mit Mittelwänden aus Eigenwachs	— zugekauftes Wachs bzw. Mittelwände — Wachs aus Altwaben mit Mittelwänden aus Fremdwachs

Tabelle 9: Unterscheidung der „Wachssorten" nach Herkunft und Alter

01

nen, sollten die Rähmchen bereits beim Einlöten der Mittelwände entsprechend gekennzeichnet werden. Hier bieten sich Heftzwecken, Lackpunkte oder kleine Kabelbinder an.[40] Es empfiehlt sich dabei, die Waben mit Mittelwänden aus eigenem Wachs zu markieren. Denn – sollte die Markierung verloren gehen – wird diese Wabe dem Fremdwachs zugeordnet werden. Anders herum bestünde die Gefahr, dass eine Wabe aus Fremdwachs als Altwachs und damit als Eigenwachs interpretiert wird, was u. U. das Eigenwachs verunreinigen könnte.

JUNGWACHS

Nicht jedes Wachs verbleibt für mehrere Jahre in der Bienenbeute. Oftmals bauen Bienen spontan oder – vom Imker gelenkt – Waben in Zwischenräume oder Leerrähmchen, ohne dass das Wachs dabei wie beim Ausbau der Mittelwände mit vorhandenem Wachs vermischt wird. Dieses sogenannte Jungwachs zählt somit stets zum Eigenwachs und lässt sich an drei Stellen in einer Beute entnehmen:

- Als sogenannter Wildbau, z. B. auf den Oberträgern der Rähmchen oder am Absperrgitter. Dieses Wachs ist mitunter mit Propolis vermischt, was in den folgenden Reinigungsschritten aber entfernt werden wird.
- Aus dem freien Wabenbau in Leerrähmchen ohne Mittelwand, die z. B. als Reduzierung des Varroa-Befalls eingesetzt werden. Dieses Jungwachs wurde in der Regel bereits bebrütet bzw. mit Honig befüllt.
- Eine weitere wichtige Quelle für Jungwachs ist das bei der Honigernte anfallende Deckelwachs, mit dem die Bienen die vollen Honigzellen verschließen. Dieses Wachs gilt allgemeinhin als das reinste Bienenwachs.

Das Sammeln von Jungwachs ist ein etwas mühsames Unterfangen. Im Laufe des Bienenjahrs muss das Jungwachs wortwörtlich „zusammengekratzt“ werden. Hinzu kom-

40 Als geeignet haben sich 2,5 mm breite und 95 mm lange Kabelbinder erwiesen.

02

01 Beispiel zum Markieren von Waben mit Kabelbindern. Mit einer solchen Markierung kann gleichzeitig die Orientierung der Wabe (siehe S. 57) angezeigt werden. Das Entfernen von Wildbau auf den Oberträgern wird dadurch etwas erschwert.

02 Sammeln von Jungwachs

men einige Drohnenrähmchen, sodass es sich empfiehlt, für das Bienenwachs stets einen eigenen kleinen Eimer mit zum Bienenstand zu nehmen und das darin gesammelte Jungwachs umgehend in einen Sonnenschmelzer zu geben. Pro Beute und Bienenjahr fallen auf diese Weise einige hundert Gramm Jungwachs an.
Hinzu kommt das Deckelwachs. Bei einer voll verdeckelten Wabenseite im Zandermaß sind das etwa zehn bis zwölf Gramm Jungwachs. Schleudert man beispielsweise dreimal im Jahr mit zehn komplett und beidseitig verdeckelten Waben, können so zwischen 600 und 700 g Deckelwachs pro Volk und Honigsaison[41] gesammelt werden. Allein diese Menge würde theoretisch ausreichen, um für dieses Volk die Honigwaben-Mittelwände der nächsten Saison herzustellen. Somit ist es unter idealen Voraussetzungen durchaus möglich, den eigenen Wachskreislauf ausschließlich mit Deckelwachs umzusetzen.

41 Bei drei Ernten mit je zehn Waben und zwei Wabenseiten mal 10 bis 12 Gramm

Am Deckelwachs kleben oftmals größere Mengen an Honig, die der Imker sicherlich nicht verlieren möchte. Daher sollte der Honig vom Deckelwachs getrennt werden, was prinzipiell auf drei Arten geschehen kann. Zum einen durch Ausschmelzen des Wachses mit einem speziellen Deckelwachsschmelzer, der weiter unten (siehe Seite 92) beschrieben wird.
Eine andere Methode ist das Abschleudern bzw. das Abtropfen des Honigs – entweder in einem ggf. erwärmten Sieb oder mithilfe von Wachs- oder Netztaschen, die die Maße von Rähmchen besitzen und als solche in der Honigschleuder ausgeschleudert werden können (siehe Kasten auf Seite 76). Natürlich kann man in Kombination beider Methoden auch nach dem Schleudern das Deckelwachs noch abtropfen lassen, da (je nach Art und Konsistenz des Honigs) noch Honig am Wachs kleben bleibt.
Als dritte Methode kann man das Deckelwachs auch mit sauberem Wasser abwaschen und die so erhaltene Honig-Wasser-Lösung zur Herstellung von Met, oder auch Honigwein genannt, verwenden.

VORREINIGEN VON DECKELWACHS

Das Sammeln von Deckelwachs setzt natürlich voraus, dass die Zellendeckel bei der Honigernte von der Wabe getrennt werden und nicht mit einem Heißluftföhn aufgeschmolzen werden. Beim Abtrennen des Deckelwachses mit der Gabel oder einem Messer bleibt auch beim geübten Arbeiten relativ viel Honig am Wachs hängen. Das Wachs kann mithilfe von Netztaschen, die wie die Waben in die Honigschleuder gehängt werden können, vom Honig getrennt werden. Auf diese Weise wird bereits ein Großteil des Honigs abgetrennt.
Der Resthonig des halbtrockenen Wachses kann dann zusätzlich ggf. im Wärmeschrank vollends abtropfen. Als sinnvoll hat sich auch ein Eimer-in-Eimer erwiesen. Dazu wird der Boden eines Honigeimers mit einem großen Loch versehen. Dieser Eimer wird in einen zweiten, identischen Eimer gesteckt. Der Zwischenraum zwischen den Böden dieser beiden Eimer ist ausreichend, um die abtropfenden Mengen an Honig aufzufangen. In den inneren Eimer wird noch ein Sieb (z. B. ein Grobsieb vom Honigschleudern) gelegt und dann das halbtrockene Deckelwachs eingefüllt.

Das Wachs wird in einer Netztasche in die Honigschleuder gehängt.

Zwei Honigeimer werden ineinander gesteckt; über das Loch wird ein Sieb gelegt.

Das ausgeschleuderte Deckelwachs wird auf das Sieb platziert.

Der Honig tropft ggf. im Wärmeschrank langsam ab.

Mit einem Deckel versehen, ist der abtropfende Honig ausreichend gegen etwaige Feuchtigkeit geschützt und kann einige Zeit (ggf. im Wärmeschrank) stehen bleiben, sodass das Wachs überwiegend honigfrei wird. Ein wenig Honig wird auch danach noch am Deckelwachs kleben. Anschließend kann das Deckelwachs eingeschmolzen und weiterverarbeitet werden.

ALTWACHS UND FREMDWACHS AUS ROLLIERENDEN WABEN

Es empfiehlt sich grundsätzlich für eine optimale Wabenhygiene, die Altwaben in einer Bienenbeute regelmäßig gegen Rähmchen mit frischen Mittelwänden auszutauschen. Dadurch wird zum einen vermieden, dass die Wabenzellen durch zu häufiges Bebrüten zu klein werden. Zum anderen nisten sich gerne Parasiten wie Wachsmotten in Waben mit Pollen- und Brutresten ein, in deren Kot sich wiederum Krankheitserreger und andere Mikroorgansimen vermehren können. Darüber hinaus können sich mit der Zeit Fremdstoffe im Bienenwachs der Waben anreichern (siehe Seite 18 ff.). Ein Austausch der Bienenwaben hilft damit nicht nur bei der Reinhaltung der Bienenbeute, sondern verringert auch das Risiko einer Wachs-Kontamination. Solange keine Mittelwände aus Eigenwachs hergestellt und in die Rähmchen eingelötet wurden, können alle Altwaben zusammen eingeschmolzen werden. Das dabei erhaltene Wachs ist nach unserer Namensgebung Fremdwachs, da die Mittelwände dieser Waben bereits aus Fremdwachs bestanden. Zu einem späteren Zeitpunkt eines Wachskreislaufs werden auch Altwaben mit Eigenwachs (inkl. Eigenwachs-Mittelwänden) anfallen. Zur besseren Unterscheidbarkeit ist es dringend, die Rähmchen bereits beim Einlöten der Mittelwände entsprechend zu markieren (siehe oben), um sie später separat einschmelzen zu können.

ZWEIZARGIGER BRUTRAUM

Damit der Imker stets den Überblick über den Zustand der Waben in seinen Bienenbeuten behält, ist ein systematischer Wabentausch von Vorteil. Am einfachsten kann ein solches System bei einem zweizargigen Brutraum umgesetzt werden. Solche Beuten haben in der Regel ein einheitliches Rähmchenmaß. Die Rähmchen im Brutraum sind also genauso groß wie die Rähmchen im darüber liegenden Honigraum. Dadurch kann ein Rähmchen von oben nach unten binnen drei Jahren durch die Beute „wandern".

Praktisch wird im Frühjahr der Honigraum mit frisch eingelöteten Mittelwänden aufgesetzt. Diese Rähmchen werden von den Bienen zu Waben ausgebaut und im Laufe des Bienenjahrs mit Honig befullt. Nach dem letzten Schleudern, wenn der Imker das Volk einwintert und auf zwei Zargen einengt, wird die unterste Zarge mit den darin befindlichen Altwaben[42] entfernt. Die anderen beiden Zargen rutschen dadurch eine Etage tiefer. Der obere Brutraum wird zum unteren, der Honigraum wird zum oberen Brutraum. Im nächsten Jahr beginnt dieses Prozedere von vorne, sodass innerhalb von drei Jahren die Waben durch die Beute gelaufen sind. Mit anderen Worten verbleibt in der Regel jede Wabe für maximal drei Jahre in der Beute und wird dann ausgetauscht.

42 Sollte sich noch Brut in den Waben befinden, werden diese Rähmchen zum Auslaufen der Brut in eine Leerzarge gehängt, die über ein Absperrgitter oben auf die Beute gesetzt wird. Diese Zarge wird anschließend u. a. zum Einfüttern verwendet.

EINZARGIGER BRUTRAUM

Der Wabentausch in einer Beute mit nur einer Brutzarge und unterschiedlichen Zargenmaßen für Honig- und Brutraum gestaltet sich nicht ganz so systematisch wie bei zwei Bruträumen. Das Rollieren erfolgt hier nicht vertikal, sondern horizontal innerhalb der Zarge und kontinuierlich über das Bienenjahr verteilt. Dabei werden stetig neue Waben hinzugegeben und die älteren braunen Waben entnommen. Auf diese Weise werden ebenfalls innerhalb von zwei bis drei Jahren die Waben komplett ausgetauscht.
Sofern das Rähmchenmaß von Brut- und Honigraum identisch ist, kann alternativ auch auf zwei Zargen überwintert werden. Dazu wird im Herbst vor dem Einfüttern der ausgeschleuderte Honigraum aufgesetzt. Im Frühjahr wird dann vor dem Aufsetzen des neuen Honigraums die untere Zarge entfernt, und die Waben werden eingeschmolzen. Es wird also in gleicher Weise wie bei einem zweizargigen Brutraum verfahren, nur dass die unterste Zarge erst im Frühjahr entfernt wird.
Das Prinzip des Wachssortierens und Wachssammelns ist dasselbe wie oben beschrieben. Beim Einschmelzen der Waben wird auch hier zunächst zwischen Altwachs und Fremdwachs unterschieden. Ist nach den ersten Jahren des Wachskreislaufs kein Fremdwachs mehr in der Beute, ist diese Trennung nicht mehr notwendig. Parallel wird das Jungwachs in Form von Wild- und Drohnenbau sowie Deckelwachs gesammelt und bei ausreichend großen Mengen als Mittelwände in die Beute zurückgegeben.

WABEN EINLAGERN

Mitunter kommen Waben aus den Beuten, die nicht oder nicht sofort eingeschmolzen werden müssen. Dies können im Frühjahr Waben mit Futterresten sein (diese Waben sollten ansonsten aber noch gut aussehen, also z. B. keinen Schimmel angesetzt haben), die der Imker noch bei der Völkervermehrung einsetzen kann. Im Herbst sind nach dem Schleudern mitunter halb oder ganz ausgebaute Waben übrig, wenn etwa ein Volk mit zwei Honigräumen bestückt war. Diese Waben sind kaum gebraucht und können problemlos im nächsten Jahr wieder in den Honigraum gehängt werden, wodurch die Honigräume im nächsten Jahr sogar besser und schneller von den Bienen angenommen werden. Sofern diese Waben noch mit Honigresten verklebt sind, werden sie – wie auch die Waben mit Brutresten – locker und vereinzelt in eine aufgesetzte Leerzarge gehängt.[43] Zwischen Leerzarge und Beute liegt dann die Abdeckfolie, die an einer Ecke ein paar Zentimeter umgeknickt ist und den Bienen so einen Zugang zu den Waben ermöglicht. Nach einigen Tagen sind die Waben komplett sauber geschleckt.
Vor dem Einlagern müssen die Waben insbesondere vor der Wachsmotte sowie vor Schimmelbefall geschützt werden. Wachsmotten, genauer: die große Wachsmotte (Galleria mellonella) legt ihre kleinen gelben Eier in Waben und enge Ritzen. Die daraus entstehenden Larven fressen Bienenwachs und Larvenkot, Nymphenhäutchen und Pollen. Damit sind insbesondere die bereits bebrüteten Waben gefährdet. Aber auch unbebrütete Waben können befallen werden. Allerdings entwickelt sich hier die Larve nicht zu Ende, da sie nicht ausreichend Futter findet. – Daher sollten vor allem braune Altwaben möglichst nicht eingelagert, sondern sofort nach Entnahme aus der Beute eingeschmolzen werden.
Sollen die Waben z. B. als Futterwaben für eine spätere Verwendung aufbewahrt werden, müssen sie – unabhängig vom Alter der Wabe – vor dem Einlagern desinfiziert werden. Dazu bietet es sich an, die Waben in eine Kunststoff-Kiste mit gut schließendem

43 Honigreste in Waben locken Bienen sowie andere Leckermäuler an und können mit Luftfeuchtigkeit gären.

Deckel zu stellen und darin Essigsäure zu verdunsten (siehe Kasten auf Seite 80). In gleicher Weise kann zum Verdunsten Ameisensäure verwendet werden [61]. In beiden Fällen werden Eier sofort, Larven erst nach längerer Einwirkzeit getötet. Da Ameisensäure im Gegensatz zu Essigsäure als gesundheitsschädlich eingestuft wird, sollte zur Motten-Behandlung Essigsäure bevorzugt eingesetzt werden.

Das Schwefeln, also das Abbrennen von Schwefelstreifen, tötet hingegen nur die Larven, während die Eier unversehrt bleiben. Zudem wird beim Schwefeln mit offenem Feuer gearbeitet. Und es entsteht Schwefeldioxid (SO_2) – ein Gas, aus dem sich beim Kontakt mit Luftfeuchtigkeit schweflige Säure (H_2SO_3) bildet. Daher ist von dieser Behandlungsmethode abzuraten.

Eine weitere, wenngleich technisch aufwendige Methode, ist die Lagerung der Waben unterhalb von 9 °C. Bei dieser oder tieferen Temperaturen wird auch die Entwicklung von Motten-Eiern gestoppt.

Waben, die bereits sichtbar mit Wachsmotten-Larven befallen sind, was man zu Beginn an geraden, eingesponnenen Fresskanälen erkennen kann, sollten nicht mehr eingelagert, sondern sofort eingeschmolzen werden. Das Gleiche gilt für bereits eingelagerte Waben, bei denen während der routinemäßigen Kontrollen Mottenschäden festgestellt wurden. In solchen Fällen ist für die restlichen Lagerwaben eine Wiederholung der Behandlung angeraten.

Aber Achtung: Niemals Waben aus einem Volk einlagern oder wiederverwenden, bei dem eine Krankheit nachgewiesen wurde oder eine solche vermutet wurde. Solche Waben werden sofort eingeschmolzen!

Die Grundregel zum Lagern von Waben lautet: Kühl und trocken und luftig! – In der Regel werden überwiegend helle, also unbebrütete Waben eingelagert. Um das erneute Ablegen von Motteneiern zu vermeiden, sollten die Waben in trockener und von Motten gemiedener zugiger Luft aufgehängt werden. Für Hobbyimker mit eingeschränkten Lagermöglichkeiten sind im Kasten auf Seite 81 zwei Möglichkeiten beschrieben, wie das Überwintern der Waben mit einfachen Mitteln gelingen kann.

Gestapelte Rähmchen

Braune Waben hingegen werden im Grunde nur dann eingelagert, wenn diese aus Winterverlusten oder im Frühjahr noch Restfutter enthalten, das für die Aufzucht neuer Völker verwendet werden soll – also in der Regel nur ein paar Wochen. Diese Waben können am besten samt Essigsäure-Schwamm in den mit Klammern verschlossenen Boxen (siehe Kasten) verbleiben. Auf diese Weise sind die Waben bei kühlen Lagertemperaturen auch gut gegen Luftfeuchtigkeit (Gefahr der Gärung) geschützt. Ist absehbar, dass Futterwaben für die aktuelle Saison nicht mehr benötigt werden, sollten sie zeitnah eingeschmolzen werden. Braune Waben werden nur so lange wie unbedingt notwendig gelagert.

BEHANDLUNG VON WABEN GEGEN WACHSMOTTEN

Zur Behandlung von Bienenwaben mit Essigsäure eignen sich Wannen aus Kunststoff (1), die man in passenden Abmessungen (für das Zandermaß beispielsweise L × B × H ca. 55 × 40 × 30 cm) im Baumarkt oder Möbelgeschäften kaufen kann. Die Box sollte einen gut schließenden Deckel (2) besitzen (für manche Boxensysteme gibt es Klammern, um den Deckel zusätzlich zu fixieren).

1

3

2

1 Kunststoffwanne mit Rähmchen und aufgelegtem Schwammteller

2 Mit Klammern verschlossene Behandlungsbox

3 Positionsstifte vermeiden das Verrutschen der Rähmchen.

In diese Boxen passen etwa neun Zander-Rähmchen (als hilfreich gegen ein Verrutschen der Rähmchen haben sich kleine Brettchen mit Positionsstiften (3) als Standhilfe erwiesen), auf die ein Teller mit einem Schwammtuch gestellt wird, das anschließend mit etwa 30 ml Essigsäure getränkt wird. Die Box wird verschlossen und für ein paar Tage stehengelassen (nicht der direkten Sonne aussetzen, damit die Box nicht unfreiwillig zum Sonnenschmelzer wird …). Durch das Verschließen der Box reicht die geringe Menge an Säure aus, über einen längeren Zeitraum hinweg eine ausreichend aggressive Atomsphäre zu schaffen.

Achtung: Hoch konzentrierte Essigsäure „Eisessig" sowie Essigsäure-Dampf sind leichtentzündlich und können schwere Verätzung der Haut und schwere Augenschäden verursachen! Daher nur verdünnte Essigsäure (max. 60%ig) verwenden, und beim Arbeiten stets Handschuhe und Schutzbrille tragen.

Honigwaben werden nicht mit Säuren behandelt, da sich diese im Honig niederschlagen können. Nach der Behandlung müssen die Waben ein paar Tage ablüften, bevor sie wieder in eine Beute eingesetzt werden können. Beim Öffnen der Box entweicht schlagartig eine Menge Säure. Die Säuredämpfe sollten nicht eingeatmet werden. Daher nicht sofort über die Box beugen, sondern besser etwas zurückweichen, bis sich der Großteil verflüchtigt hat.

RICHTIGES LAGERN VON WABEN

Zum Lagern der Waben kann ein provisorischer Turm aus Beutenzargen errichtet werden. Der Turm schließt oben und unten mit einem Deckel bzw. Absperrgitter ab. Um eine Luftzirkulation zu ermöglichen, werden oben und unten Abstandshalter (Leisten oder Klötze) eingesetzt. Die futter- und pollenfreien Waben werden im lockeren Abstand in die Zargen gehängt, damit die Luft die Rähmchen besser umströmen kann.

Lagerturm aus Beutenzargen auf einem Absperrgitter, Klötze oder Leisten (dunkelgrau) ermöglichen Luftzirkulation.

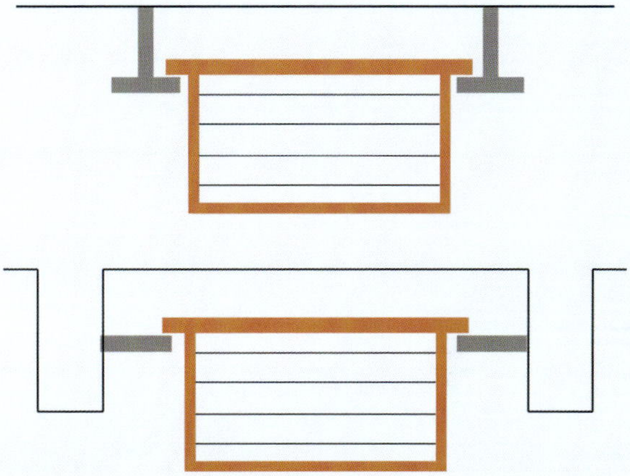

Aufhängung für Waben oder Leerrähmchen unter einer Schuppendecke oder Überdachung (oben) bzw. zwischen zwei Trägern (unten). Rähmchen hängen in Reihe an Leisten (dunkelgrau), die senkrecht zur Bildebene stehen.

Beispiel von hängenden Rähmchen zwischen Deckenbalken eines (gut belüfteten) Schuppens.

Eine andere Möglichkeit ist die, Waben und Rähmchen unter die Decke eines luftigen Schuppens oder einer Überdachung in einer Reihe an Leisten zu hängen. Die Waben und Leerrähmchen werden abwechselnd aufgehängt, sodass ein Überspringen eines etwaigen Motten-Befalls auf eine benachbarte Wabe erschwert wird.

ZWEITER SCHRITT: ROHWACHSGEWINNUNG – WABEN EINSCHMELZEN

Die Waben und das gesammelte Wachs sollten zur besseren Lagerung, vor allem aber um Motten-, Schimmel- und Geruchsbildung zu vermeiden, durch Einschmelzen von den Nicht-Wachs-Bestandteilen getrennt werden. Das sind neben Propolis sowie Futterresten und Honig vor allem der Trester und natürlich die Maden, die mit den Drohnenrähmchen entnommen wurden. Somit ist das Einschmelzen bereits ein erster Reinigungsschritt und liefert uns das Rohwachs, das später noch gewaschen bzw. feingereinigt werden muss, um es zu Mittelwänden oder anderen Wachsprodukten weiterverarbeiten zu können.

Zum Einschmelzen bieten sich dem Kleinimker sinnvollerweise zwei Schmelzmethoden an. Dies ist zum einen der Sonnenschmelzer, der kleinere Mengen Wachs kontinuierlich verarbeiten kann und somit ideal für unser Jungwachs ist. Altwachs fällt hingegen in Form der entnommenen Altwaben kurzzeitig in größeren Mengen an. Nämlich insbesondere dann, wenn beim Einwintern die Beuten eingeengt und entsprechend viele Waben entnommen werden. Um diese Mengen an Altwaben einzuschmelzen, eignet sich ein Dampfschmelzer, der zwar mit entsprechendem Energieaufwand, dafür aber relativ schnell (und wetterunabhängig) arbeitet.

Als spezielle Ergänzung soll als einzige professionelle bzw. gewerbliche Variante der Deckelwachs-Schmelzer erwahnt werden. Dieser Schmelzer ist zwar sehr teuer, kann aber während des Schmelzvorgangs den am Deckelwachs klebenden Honig abtrennen und auffangen.

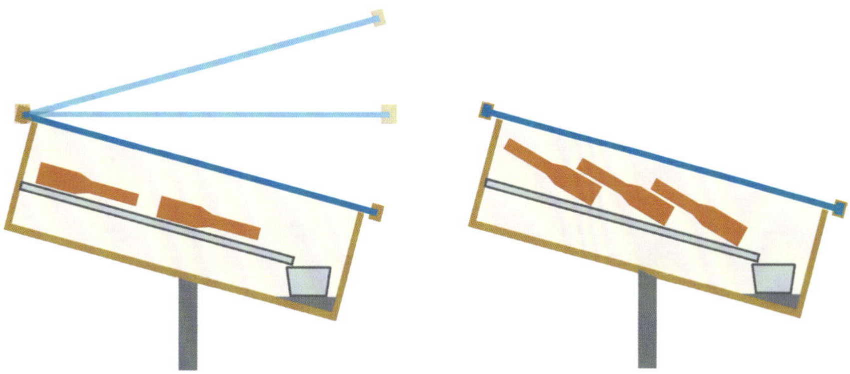

Schema eines Sonnenschmelzers für bis zu vier Rähmchen. Bei vier Waben werden jeweils zwei Rähmchen aufeinandergelegt.

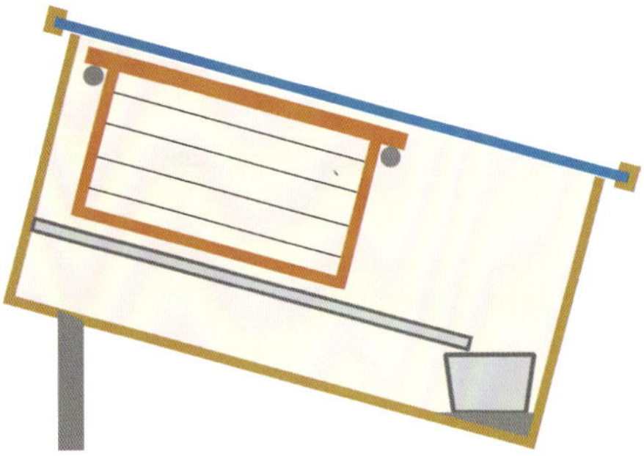

Großer Sonnenschmelzer; die Rähmchen werden senkrecht eingehängt.

SONNENSCHMELZER

Der Vorteil dieses Schmelzers liegt auf der Hand bzw. im Namen. Denn ein Sonnenschmelzer (oder auch Sonnenwachsschmelzer) wird ausschließlich mit Sonnenenergie betrieben. Das frohlockt natürlich den sparsamen Imker. Und in der Tat ist ein Sonnenschmelzer, der nach dem Prinzip eines Treibhauses funktioniert, durchaus als umweltschonend anzusehen.

Die zu schmelzenden Waben befinden sich in einem solchen Schmelzer hinter einer Scheibe, die von der Sonne beschienen wird. Dadurch erhitzt sich der Schmelzraum unter dem Glas derart, dass das Wachs in der Wabe schmilzt und über einen schrägen Boden in eine bereitgestellte und mit Wasser gefüllte Schale tropft. Die Bienenwaben können je nach Schmelzertyp und -größe aufrecht im Schmelzraum hängen oder schräg im Schmelzer liegen. Die Waben sollten nicht direkt auf dem Boden liegen, sondern etwas „Luft" zum Boden haben, sodass das flüssige Wachs darunter ungehindert abfließen kann. Dies kann auch durch dünne Leisten realisiert werden, die in Längsrichtung unter die Rähmchen gelegt werden. Rähmchen mit Hoffmann-Seiten haben quasi ihren Abstandhalter bereits eingebaut, weshalb sie bei überlappender Positionierung einfach „kopfüber" in den Schmelzer gelegt werden können.

Die nicht schmelzenden Teile der Wabe verbleiben im Schmelzraum. Gleichzeitig lösen sich die flüssigen Bestandteile der Altwaben wie Futterreste im Wasser der Auffangschale. Das Wachs schwimmt schließlich als erstarrtes Rohwachs in der Schale und kann sehr einfach entnommen werden. Allerdings bilden sich zumeist keine glatten Wachsblöcke in Form eines Barrens. Vielmehr hat das Wachs oftmals die Form von erstarrter Lava und ist zumeist noch sehr verschmutzt oder enthält sirupartige Einschlüsse. In der Regel kann das abgespülte Wachs jetzt kurzzeitig gelagert und später zusammen mit anderen Rohwachs-Brocken gereinigt werden (siehe Kapitel „Feinreinigung" auf Seite 95 ff.).

In einem Sonnenschmelzer fallen bedingt durch Futterreste allerlei Leckereien, z. B. für Ameisen an. Das ist im Grunde nicht schlimm, kann sich aber zu einer Plage aus-

Gegarte Drohnenbrut eignet sich als Vogel- und Igelfutter.

HILFE ZUR AUSWAHL BZW. ZUM BAU DES RICHTIGEN SONNEN-SCHMELZERS IN EINER IMKEREI

— Die Größe des Sonnenschmelzers sollte den Bedürfnissen der Imkerei angepasst sein. Man muss sich dazu überlegen, welche Mengen an Wachs regelmäßig während der Bienensaison von Mai bis Juli anfallen. Diese Mengen sollten bei regelmäßiger Bestückung des Schmelzers sowie bei durchschnittlichen Wetterbedingungen verarbeitet werden können.
— Wer sich zwischen einem kleinen und einem etwas größeren Schmelzer entscheiden muss, sollte bedenken, dass ein Absperrgitter in einen Wachsschmelzer für zwei nebeneinanderliegende Waben passt. Dort kann es dann sehr einfach von Wildbau befreit werden. **Aber Achtung: Insbesondere Edelstahlgitter werden sehr heiß und sollten nur mit entsprechenden Handschuhen aus dem Schmelzer genommen werden.** Das Gitter kann – quasi zum Abwischen – direkt nach der Entnahme aus dem Schmelzer kurz über ein Stück Wiese oder Rasen gezogen werden.
— Der wesentliche Effekt bei einem Treibhaus (und damit bei einem Sonnenschmelzer) ist der Wärmestau durch fehlenden Luftaustausch. Die Wärme in einem Schmelzer kann nur durch Wärmediffusion durch die Außenseiten des Schmelzers abfließen. Um das Abfließen der Wärme zu vermeiden, sollten Scheibe, Boden und Seitenwände wärmeisoliert sein.
Eine zweifach verglaste Scheibe ist allerdings sehr schwer und unhandlich. Eine gute Alternative sind Doppelstegplatten aus Polycarbonat. Dieses Material hat eine isolierende Wirkung und lässt zudem keine Wärmestrahlung durch. Dieser Effekt trägt zusätzlich dazu bei, dass sich die Schmelzkammer erhitzt.
— Insbesondere große Sonnenschmelzer benötigen viel Stellplatz. Daher sollte bereits vor der Anschaffung überlegt werden, wo er später im Garten aufgestellt werden kann.
— Zur optimalen Ausnutzung der Sonnenenergie sollte der Schmelzer drehbar sein, also entweder Rollen besitzen oder auf einem Drehfuß stehen.
— Da der Schmelzer in der Regel im Freien betrieben wird, sollte er entsprechend wetterfest gebaut werden und ggf. mit Wetterschutzfarbe angestrichen sein.

weiten. Daher sollten süße Abfälle zügig aus dem Schmelzer entsorgt werden und auch der mit der Zeit sehr schmutzige Boden sollte regelmäßig im noch warmen Zustand saubergekratzt und abgespült werden. Befinden sich gegarte Drohnenmaden im Schmelzer, können diese u. U. als Tierfutter dienen. Anders als bei roher, frisch entnommener Drohnenbrut sind nach dem Einschmelzen etwaige Milben abgetötet und können durch das Verfüttern an Tiere nicht verschleppt werden. Beim Verfüttern von gegarten Drohnenmaden sind aber stets die aktuell gültigen Regularien zu beachten. Als imkerliches Grundwissen sollte gelten, frische bzw. nicht-gegarte Drohnenbrut niemals z. B. von Vögeln auspicken zu lassen. Mit dem richtigen Geschick und vorhandenem Werkzeug kann ein Sonnenschmelzer relativ einfach selbst hergestellt werden. Alternativ ist er in unterschiedlichen Größen im Fachhandel zu moderaten Preisen erhältlich. Beim Bau bzw. bei der Auswahl eines Sonnenschmelzers sollten aber einige Punkte beachtet werden, die im Kasten zusammengestellt sind.

Beispiel eines Wachsschmelzers für bis zu vier Waben (Zander-Maß) mit Wetterschutz-Anstrich.

DAMPFSCHMELZER

Das Prinzip eines Dampfschmelzers (oder auch Dampfwachsschmelzers) ist es, die zu schmelzenden Waben oder das zu schmelzende Wachs von heißem Wasserdampf umströmen zu lassen. Dabei wird der Effekt ausgenutzt, dass Wasserdampf (aufgrund der deutlich höheren Wärmekapazität) sehr viel mehr Energie aufnehmen kann, als siedendes Wasser. Somit ist Wasserdampf unter normalen Druckbedingungen zwar nicht heißer als das siedende Wasser, besitzt aber deutlich mehr Energie (siehe Kasten auf Seite 93), die beim Kondensieren in einem Wachsschmelzer an die Waben abgegeben wird. Dadurch kann mit Wasserdampf eine große Menge Energie an das zu schmelzende Wachs übertragen werden.

Der Nachteil dieser Eigenschaft des Wassers ist allerdings der, dass man sich mit Wasserdampf schlimmer verbrühen kann als mit heißem Wasser. Daher ist beim Arbeiten mit Wasserdampf erhöhte Vorsicht geboten, und ein Imker sollte sich entsprechend gut schützen. Als minimaler Schutz sollten hier neben der obligatorischen Schutzbrille auch thermisch schützende Handschuhe angesehen werden.

Wasserdampf ist zudem dazu geeignet, das Wachs und die Rähmchen hinsichtlich der meisten Erreger von Bienenerkrankungen zu desinfizieren (siehe Kasten). Auch deshalb sollten in einem Dampfschmelzer die Waben möglichst frei hängen, sodass der Wasserdampf von allen Seiten einwirken kann. Das so verflüssigte Wachs tropft aus den Waben und muss in einer Schale oder

Wanne aufgefangen bzw. gesammelt werden, wo es abkühlen und erstarren kann. Geschickterweise wird dabei etwas Wasser vorgelegt, sodass das Wachs in das Wasser tropfen oder fließen kann. Dadurch lässt sich wie auch beim Sonnenschmelzer das erstarrte Wachs zum einen besser aus der Wanne heraustrennen. Zum anderen können dadurch wasserlösliche Bestandteile der Waben, etwa Futter- oder Honigreste, abgetrennt werden.

Dampfschmelzer können in verschiedenen, zumeist profinahen Ausführungen erworben werden. Sehr häufig sind aber auch hier recht hohe Investitionen notwendig, sodass man als Hobbyimker eine Anschaffung gut überdenken sollte. Denn einfache Dampfschmelzer lassen sich für kleinere Imkereien auch sehr gut und einfach selbst herstellen. Im Internet sind auf den unterschiedlichen Plattformen zum Teil recht pfiffige Lösungen zu bestaunen. Mitunter werden auch Anleitungen bzw. Hilfestellungen zum Bau eines solchen Schmelzers gegeben.

Bei der Auswahl bzw. der Eigenkonstruktion eines Schmelzers sollte darauf geachtet werden, dass das Wachs mit möglichst wenig Bauteilen in Berührung kommt, da diese Teile während des gesamten Schmelzvorgangs erwärmt werden müssen, damit das Wachs nicht erstarrt und z. B. Leitungen oder Hähne verstopft. Wichtig ist weiterhin, dass Wachs berührende Teile nicht aus unedlen Metallen (z. B. unlegiertem Aluminium oder Eisen) bestehen, die mit (heißem) Wachs reagieren können (siehe Kapitel „Oxidieren und Verseifen“, S. 35 ff.).

Dieses Buch beschränkt sich auf die Beschreibung von zwei empfehlenswerten, einfachen Dampf-Wachsschmelzern. Dies sind der Dampfturm und der Dampfentwachser.[44]

44 Der Name ist von dem klassischen Dampfentsafter abgeleitet, der sich nur in der Dampfwirkung vom Dampfentwachser unterscheidet.

ENTSEUCHEN VON BIENENWACHS

Die sicherste Methode zum Reinigen des Bienenwachses von Krankheitserregern ist die thermische Desinfektion, bei der das Wachs entweder eine Stunde lang auf 130°C erhitzt oder unter Druck im Autoklaven bei etwas gemäßigteren Temperaturen gehalten wird. Das ist für eine kleinere Imkerei ohne die entsprechende technische Ausstattung kaum möglich bzw. nicht ungefährlich.

Die meisten Erkrankungen unserer Bienen werden durch Viren oder Pilze verursacht. Lediglich die Amerikanische (AFB) sowie die Europäische Faulbrut (EFB) sind bakterielle Krankheiten. Laut dem Robert-Koch-Institut (RKI) lassen sich mit kochendem Wasser oder mit dem Dampf-Strömungsverfahren Pilze und deren Sporen (Wirkungsbereich A) sowie Viren (Wirkungsbereich B) abtöten bzw. deaktivieren [62]. Dazu ist eine Einwirkzeit von mindestens fünf Minuten erforderlich. Zudem muss im Falle des Dampfverfahrens mit Sattdampf (siehe auch Kasten auf Seite 93) desinfiziert werden. Auf diese Weise lassen sich mit einem geschlossenen Dampf-Wachsschmelzer sowohl Wachs als auch Rähmchen von den meisten Krankheitserregern befreien [63].

Die durch Bakterien ausgelöste Faulbrut bzw. deren Sporen werden in diesem Verfahren nicht abgetötet. Aus diesem Grund sollte jeder Imker beim Zukauf oder beim Tausch von Wachs gegen Mittelwände darauf achten, dass das Wachs wie oben beschrieben entseucht wurde. Nur so kann sichergestellt werden, dass man sich keine Faulbrutsporen in die Imkerei einschleppt.

Ein Ausbruch dieser Krankheiten sollte in jedem Fall beim Veterinäramt gemeldet werden, auch wenn nur bei der AFB eine Meldepflicht vorliegt. Das Amt entscheidet dann über das weitere Vorgehen. In jedem Fall ist davon abzuraten, das Wachs einzuschmelzen oder sogar weiterzuverwenden. Mit Faulbrut verseuchtes Wachs sollte entsorgt, sprich: verbrannt werden.

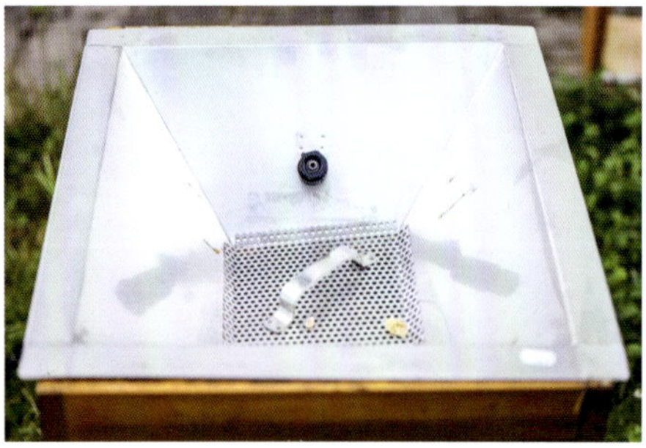

Der Edelstahl-Trichter fängt das geschmolzene Wachs auf.

DAMPFTURM

Für einen Dampfturm werden Beutenzargen, die ja in jeder Imkerei vorhanden sind, aufeinander gestapelt. Zwischen zwei Zargen wird als Kernstück des Dampfturms ein umgekehrt-pyramidal oder als Prisma geformter Edelstahl-Trichter mit mittiger Öffnung gelegt. In die obere Zarge oder Zargen werden die zu schmelzenden Waben gehängt. In die untere wird mit einer Wanne oder einem Eimer das flüssige Wachs aufgefangen. Daher ist es sinnvoll, den Dampfturm auf eine feste Unterlage wie eine Holzpalette zu stellen. Ist der Eimer zu hoch, wird einfach eine zweite Zarge untergebaut. Je nach Bauart ist in einem Trichter ein Gitter integriert oder lose einsetzbar. Zusätzlich kann ein Absperrgitter auf den Trichter gelegt werden, sodass dieser nicht durch herabfallende Wabenreste verstopft werden kann.

Der Wasserdampf wird dabei über einen Dampfgenerator (oder Dampferzeuger) in den mit einem Deckel verschlossenen Zargenturm eingeleitet. Manche dieser im Fachhandel erhältlichen Schmelz-Trichter haben dazu eine Öffnung, durch die die Dampfdüse geführt werden kann. Der Dampf füllt dann den Raum oberhalb des Trichters, in dem bis zu 20 Waben (bezogen auf zwei Zanderzargen) hängen können. Allerdings sollte man zwischen den Waben etwas Platz lassen, damit die Wabengassen nicht so leicht durch absackende Wabenreste verstopft werden können. Hier macht sicherlich etwas Erfahrung den Meister.

Nachdem das Wachs in den Eimer bzw. die Wanne getropft ist, werden die wachsfreien Rähmchen am besten im noch warmen Zustand mit einem Stockmeißel oder einem Holzschaber von den Wabenresten befreit. Das erleichtert das spätere Waschen der Rähmchen (siehe Seite 121).

Bei dieser Schmelzmethode wird hauptsächlich der Raum oberhalb des Trichters erwärmt. Dadurch kühlt das Wachs im Trichter relativ schnell ab und kann im un-

DAMPFGENERATOR

Geeignete Dampferzeuger sind im Imkerei-Fachhandel oder alternativ z. B. als Tapetenablöser erhältlich. Bei der Auswahl sollte auf eine Leistung von mindestens 2000 W und ein Tankvolumen von mindestens 4 l (womit Dampfreiniger typischerweise nicht infrage kommen) geachtet werden. Zudem sollte bereits beim Kauf daran gedacht werden, wie und ob der Dampfschlauch des Generators an den jeweiligen Schmelzer angeschlossen werden kann.

Befüllen eines Dampfgenerators mit entsalztem bzw. destilliertem Wasser.

01

02

03

04

05

06

01 Der Turm muss auf einer stabilen Unterlage stehen.

02 In der ersten Zarge wird etwas Wasser in einem Eimer vorgelegt.

03 Der Sammel-Trichter wird an den Dampfgenerator angeschlossen und zusammen mit der zweiten Zarge aufgesetzt.

04 In die folgenden Zargen werden die einzuschmelzenden Waben gehängt.

05 Die noch warmen Rähmchen können leicht von grobem Schmutz befreit werden.

06 Der Trichter darf während des Schmelzvorgangs nicht verstopfen.

Rohwachs aus dem Dampfturm (sicherlich etwas zu viel Wasser vorgelegt). Wie auch beim Sonnenschmelzer ist das erhaltene Rohwachs noch relativ stark verschmutzt und muss daher im Schritt 3 des Wachskreislaufs gereinigt werden.

günstigsten Fall dort erstarren. Dadurch kann sich der Schmelzvorgang in die Länge ziehen, insbesondere wenn sich bereits viel Trester im Trichter angesammelt hat. Befindet sich nach der Entnahme der ausgeschmolzenen Rähmchen noch viel Wachs im Trichter, kann der Dampfraum verkleinert werden, indem die Zargen entfernt und ein Beutendeckel direkt auf den Trichter gelegt wird.

DAMPFENTWACHSER

Etwas anders ist das Prinzip eines umgewidmeten Dampfentsafters. Hier wird das Wasser in einem Heizkessel erhitzt, in dem sich auch das Schmelzgut in einem Durchschlag oder Seiher befindet. Das geschmolzene Wachs durchläuft den Seiher und wird in einer Zwischenschale aufgefangen, in der Wasser vorgelegt wurde. Dadurch, dass sich die Auffangschale ebenfalls im Dampfraum befindet, wurde das darin befindliche Wasser ebenfalls mit dem Wasserdampf erhitzt. Das Wachs kühlt somit beim Heruntertropfen nicht ab, sondern bildet auf dem heißen Wasser eine flüssige Wachsphase, sodass sich Wachs und wasserlösliche Bestandteile sehr gut trennen können.

Nach dem Schmelzvorgang wird das Wachs zusammen mit dem Wasser in einen Eimer umgefüllt und dabei noch einmal kräftig vermischt, was wiederum die Reinigungsleistung erhöht. Anschließend kühlt das Wachs in Ruhe ab. Es ist zwar im Vergleich zum Sonnenschmelzer und auch zum Dampfturm bereits deutlich sauberer, muss aber anschließend dennoch gereinigt werden.

Als Dampfkessel eignet sich ein Einkochautomat, der auch als Glühwein-Erhitzer bekannt sein dürfte. Für einige dieser Automa-

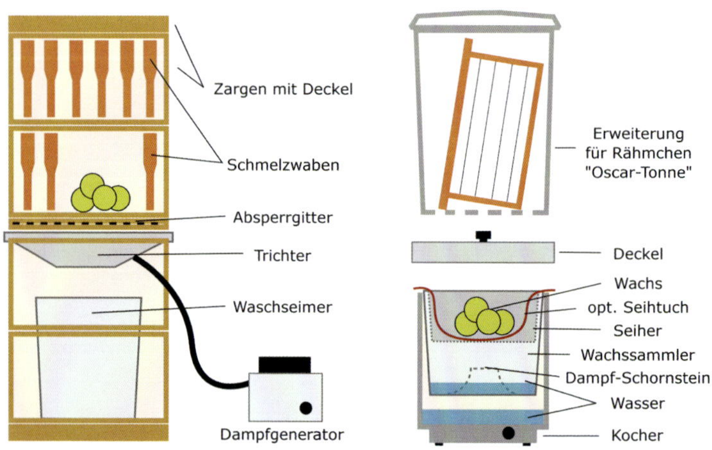

„Dampfturm“ und (erweiterter) „Dampfentwachser“; schematischer Aufbau.

01

02

03

01 Der Seiher wird in den Wachssammel gelegt.

02 Das Seihtuch sollte groß genug sein, …

03 … um den kompletten Rand zu überdecken.

ten gibt es Entsafter-Einsätze, die oftmals auch gebraucht gekauft werden können. Hier empfehlen sich Flohmärkte oder die diversen Internet-Plattformen z. B. für Kleinanzeigen.

Ein Dampfentwachser ist ein extrem effizientes Gerät bei der Wachsaufbereitung in einer kleineren Hobbyimkerei. Wie wir noch sehen werden, kann dieser Dampfschmelzer auch zum Waschen des Rohwachses sowie zum Mittelwand-Gießen genutzt werden. Daher wird diesem Schmelzer in diesem Buch ein eigenes Kapitel (ab Seite 115), in dem die Einsatzmöglichkeiten und die Arbeitsschritte genau beschrieben sind. Darin wird auch erklärt, wie sich der Schmelzer durch Aufsatz einer „Oscar-Tonne" erweitern lässt und damit dessen größter Nachteil – der für Waben zu kleine Kesselraum – ein wenig kompensiert werden kann. Im Vergleich zum Dampfturm lassen sich mit dem (erweiterten) Dampfentwachser in einem Durchlauf nur acht Bienenwaben (Zander-Maß) ausschmelzen. Der Schmelzprozess dauert in beiden Fällen etwa eine halbe bis dreiviertel Stunde. Somit ist der

Dampfturm bei einer großen Anzahl von Waben deutlich schneller. Dagegen stehen die größere Flexibilität, die bessere Wachsausbeute und die deutlich bessere Rohwachs-Qualität beim Dampfentwachser. Zudem lässt sich die Reinigungswirkung durch Einlage eines Seihtuchs zwischen Wachs und Seiher noch weiter steigern. Allerdings ist ein Seihtuch beim Arbeiten mit Nassdampf (also im Dampfturm) weniger zu empfehlen, da das Tuch dann eine stärkere Barriere für den Dampf darstellt als beim Sattdampf. Ein weiterer Nachteil des Wachsturms ist sicherlich darin zu sehen, dass das flüssige Wachs auf dem Weg in den Eimer schnell abkühlen kann und dann als Verlust im Trester hängen bleibt.

In jedem Fall sollte beim Auffangen des geschmolzenen Wachses Wasser vorgelegt werden – z. B. in dem Eimer im Dampfturm. Das ist insbesondere dann sehr hilfreich, wenn alte Futterwaben eingeschmolzen werden und sich die sirupartige Masse im Wasser vom Wachs trennt. Bei sehr viel Futter- und Honigresten im Wasser kann es passieren, dass das Wachs sehr kleinkörnig auf dem Wasser schwimmt. In einem zweiten Schmelzschritt (siehe unten) kann aber auch dieses Wachs problemlos feingereinigt werden.

DECKELWACHS-SCHMELZER

Eine Besonderheit stellt das beim Entdeckeln anfallende Deckelwachs dar. Bezogen auf die Rückstands-Problematik (siehe Kapitel „Rückstände und Verunreinigungen“, S. 18) ist es zwar das sauberste Wachs. Gleichzeitig ist es mit größeren Mengen an Honig vermischt, sodass ein gesonderter Reinigungsaufwand lohnenswert ist.

Dazu gibt es spezielle Deckelwachs-Schmelzer, die während des Schmelzvorgangs den Honig vollständig abtrennen und auf dem Boden des Schmelzers sammeln. Da dieser Schmelzer kontrolliert von oben erwärmt wird, und das geschmolzene Wachs eine Art Isolierschicht auf dem Honig bildet, wird die thermische Belastung des Honigs bei diesem Prozess so gering wie möglich gehalten. Dennoch lässt sich nicht leugnen, dass der Honig mit diesem Schmelzer erwärmt wird.

Nach dem Schmelzvorgang lässt man Wachs und Honig abkühlen, sodass sich eine feste Wachsschicht auf dem Honig bildet. Anschließend wird der Honig genau wie beim Schleudern über einen Hahn durch ein Doppelsieb abgelassen. Danach kann die Wachsschicht entnommen und feingereinigt werden. Wie schon an anderer Stelle erwähnt – kann ein solcher Schmelzer sicherlich für größere Imkereien eine lohnende Investition darstellen, für kleinere Imkereien wird er aber kaum in Betracht kommen

Mit einem Deckelwachs-Schmelzer lassen sich ggf. auch Waben mit kristallisiertem oder Melezitose-Honig einschmelzen. Und er lässt sich zum Auftauen von Eimern und Hobbocks mit kristallinem Honig nutzen.

Beispiel eines Wachsblocks mit kleinkörnigen Anteilen und sichtbaren Einschlüssen. Dieser Block wird – ggf. zusammen mit anderen Wachsblöcken – erneut eingeschmolzen und dabei feingereinigt.

VERHALTEN VON WASSERDAMPF

Wasserdampf entsteht unter normalem Druck (also etwa 1 bar) beim Erhitzen von Wasser auf 100°C. Solange der Wasserdampf in Kontakt zum kochenden Wasser steht, ist der Wasserdampf ebenfalls 100°C heiß, besitzt aber eine deutlich höhere Energie als das siedende Wasser. Um 1 kg Wasser mit einer Temperatur von 100°C in Wasserdampf zu überführen, wird eine Energiemenge von etwa 2250 kJ benötigt.[45] Diese Energiemenge wird auch Verdampfungsenthalpie genannt. Zum Vergleich werden nur etwa 420 kJ benötigt, um die gleiche Menge Wasser von 0°C auf 100°C zu erwärmen.

Wasserdampf kondensiert beim Kontakt mit festem Wachs, wobei die besagte Energiemenge wieder frei wird, also auf das Wachs übertragen wird. Dadurch erwärmt sich das Wachs zunächst, bis es schließlich schmilzt. Beim Übergang vom festen in den flüssigen Zustand muss – ähnlich wie beim Verdampfen eines Stoffes – eine Schmelzenthalpie aufgewendet werden. Diese beträgt bei Bienenwachs lediglich etwa 170 kJ/kg. Das bedeutet, dass mit der Verdampfungsenthalpie von 1 kg Wasserdampf rein rechnerisch[46] etwa 8 kg Bienenwachs verflüssigt werden können.

Dazu muss der Dampf aber als sogenannter Sattdampf vorliegen, bei dem das Wasser komplett gasförmig ist. Beginnt der Dampf sich abzukühlen, kondensiert ein Teil des Dampfes zu winzigen Wassertropfen, weshalb dieser Dampf auch als Nassdampf bezeichnet wird. Wasserdampf wird erst durch diese Tröpfchen in Form von Dampfschwaden sichtbar. Die Schmelzleistung des Wasserdampfs nimmt mit der teilweisen Kondensation ab. Daher ist es sinnvoll, beim Wachsschmelzen nach Möglichkeit den Sattdampf zu verwenden, was bei einem heißen Dampfentwachser der Fall ist. Hier wird der Dampf erst sichtbar, wenn er den geschlossenen Entsafter-Topf verlässt.

In einem Dampfgenerator hingegen wird der Wasserdampf unter erhöhtem Druck auf über 100°C erhitzt und verlässt anschließend den Druckkessel über ein Ventil. Beim Entweichen entspannt sich der Dampf sofort auf normalen Druck und kühlt dabei instantan auf 100°C ab. Zudem kühlt die Umgebungsluft diesen Dampf ab, sodass ein Kondensieren einsetzt. Dadurch ist Wasserdampf aus einem Dampfgenerator weniger effektiv in seiner Schmelzleistung als der gesättigte Dampf, der in einem geschlossenen Topf mit siedendem Wasser in Kontakt steht.

Achtung: Beim Arbeiten mit Wasserdampf: Aufgrund der sehr hohen Wärmeenergie von Wasserdampf (insbesondere Sattdampf) besteht die Gefahr von schweren Verbrühungen. Daher sollten beim Arbeiten mit Wasserdampf als Minimalschutz immer Handschuhe und eine Schutzbrille getragen werden. Außerdem sollte immer ein respektvoller Abstand zu Dampfschwaden eingehalten werden, die z. B. beim Öffnen von Kochtöpfen entstehen.

---

45 Aus einem Kilogramm (also einem Liter) Wasser entstehen beim Verdampfen 1673 Liter Wasserdampf.

46 Unter Berücksichtigung der Wärmekapazität werden zum Erwärmen von 20°C auf 63°C ($\Delta = 43°C$) etwa 43 * 2,5 kJ/kg + 170 kJ/kg ≈ 277,5 kJ/kg benötigt. Pro kg Wasserdampf lassen sich 2250 kJ ÷ 277,5 kJ/kg ≈ 8,1 kg Wachs schmelzen.

WECK
WECK

DRITTER SCHRITT: FEINREINIGUNG – WASCHEN UND KLÄREN

Das so gesammelte und eingeschmolzene Wachs ist je nach verwendetem Schmelzer sowie der aufgewendeten Sorgfalt noch mehr oder weniger stark verunreinigt. Dieses Rohwachs muss und sollte daher vor der Weiterverarbeitung gereinigt werden. Wie auch beim Schmelzen der Waben bieten sich hier verschiedene Methoden an, die sich grundsätzlich in zwei Reinigungsverfahren einteilen lassen:

- Das Wachswaschen mit einer Flüssigkeit, die sich nicht mit dem Wachs vermischt und daher eine zweite Phase bildet und somit eine „Zwei-Phasen-Reinigung" darstellt.
- Das Wachsklären, bei dem sich durch Absinken oder Aufschwimmen von Schmutzpartikeln ein sauberer Bereich im Wachs bildet. Im Gegensatz zum Wachswaschen entstehen hier keine getrennten Flüssigkeits-Phasen, sodass das Wachsklären auch als „Ein-Phasen-Reinigung" bezeichnet werden kann.

Unabhängig von der verwendeten Methode kann es sinnvoll sein, den Reinigungsvorgang zu wiederholen und dabei die Reinheit des Wachses zu erhöhen – insbesondere, wenn das Wachs zu Kerzen oder anderen Wachsprodukten weiterverarbeitet werden soll.

Es ist zu beachten, dass in beiden Fällen nur die groben Schmutzpartikel sowie ggf. wasserlösliche Fremdstoffe nach der Definition auf Seite 18 aus dem Wachs entfernt werden. Die fettlöslichen Fremdstoffe und Fremdzusätze verbleiben leider dauerhaft im Wachs und können lediglich durch Ausschleusen von älterem Wachs im Wachskreislauf (siehe unten) in ihrer Konzentration minimiert werden.

VERFLÜSSIGEN

Beide Reinigungsprinzipien basieren darauf, dass das Wachs in flüssiger Form vorliegt. Daher ist es beim Reinigen zunächst notwendig, das Wachs zu schmelzen. Das Erhitzen sollte dabei niemals direkt geschehen, z. B. in einem einfachen Topf auf einer Herdplatte. Dabei wird in der Regel der Topfboden sehr viel schneller heiß als das Wachs schmelzen kann, sodass Teile des Wachses überhitzen und „verbrennen" können.

Mitunter kommen zum Schmelzen von Wachs auch Gasbrenner zu Einsatz. Das ist – milde gesprochen – gefährlich! Flüssiges Bienenwachs ist aufgrund des relativ niedrigen Flammpunkts leicht entzündlich, sodass flüssiges Bienenwachs von offenen Flammen ferngehalten werden muss.

Aber auch das direkte Erhitzen von Wachs oder Waben in Wasser für eine Zwei-Phasen-Reinigung ist nicht unproblematisch. Dabei kann es zu spontanen Siedeverzügen kommen, bei denen sich plötzlich große Blasen aus Wasserdampf bilden und beim explosionsartigen Entweichen heißes Wachs mitreißen können. Das ist gefährlich, da man sich natürlich an dem heißen, umherspritzenden Wachs verbrennen kann.

Wärmebad – schematischer Aufbau

Wärmebad zum Verarbeiten von Wachs

Wie auch bei der Rohwachsgewinnung empfiehlt es sich daher, das Wachs immer indirekt zu erhitzen, etwa in einem Wasserbad oder einen Simmertopf. Solche Simmertöpfe verfügen über zwei Wandungen, wobei sich zwischen äußerer und innerer Wandung erhitztes Wasser oder Öl befindet. Dadurch kann die Wärme gleichmäßiger an das Wachs übertragen werden.

Zur späteren Weiterverarbeitung, etwa zum Mittelwandgießen (siehe Kapitel „Mittelwände herstellen", S. 103), kann Wachs sehr gut in einem Wasserbad geschmolzen werden, wobei idealerweise ein wärmeleitfähiger Topf (z. B: ein Edelstahl-Eimer) verwendet wird. Im Fachhandel werden Schmelztöpfe angeboten, die teilweise sogar speziell für den in diesem Buch schon mehrfach erwähnten Einkochtopf konzipiert sind.

Das Arbeiten mit diesen Spezial-Töpfen ist sehr komfortabel. Allerdings wird im Vergleich zu einem einfachen Eimer, den man direkt auf ein Gitter im Einkochtopf stellt, viel mehr Wasser benötigt und erwärmt. Das bedeutet zwar einen höheren Energieaufwand. Gleichzeitig stellt dies einen größeren Wärmespeicher dar, sodass zum

Beispiel beim Mittelwand-Gießen das Wieder-Einschmelzen von Gießresten erleichtert wird.

„KLÄREN": EIN-PHASEN-REINIGUNG

Wachs kann beim sogenannten Klären ausschließlich von Schmutzpartikeln befreit werden, indem man es im flüssigen Zustand ruhen lässt. Je nach Dichte bzw. Auftrieb der Fremd- und Schwebstoffe setzen sich diese entweder als Bodensatz ab oder sammeln sich auf der Wachsoberfläche an.
Das Wachs wird dazu in speziellen Klärbehältnissen nach dem Prinzip eines Simmertopfes geschmolzen und nach einer Ruhephase bei 80°C entnommen. Die Trennung erfolgt durch Ablassen über zwei Hähne, die in unterschiedlicher Höhe am Klärbottich positioniert sind. Aus dem oberen wird das saubere Wachs, aus dem unteren anschließend das Restwachs mit den sedimentierten Schmutzpartikeln entnommen [30]. Alternativ erfolgt das Ablassen zeitlich versetzt uber einen am Boden angebrachten Hahn, wobei zunächst die unreine Bodenfraktion entnommen wird und dann die saubere Mittelfraktion. Das Restwachs kann eventuell noch aufbereitet werden, was allerdings einen weiteren Arbeitsschritt verlangt. Beim Wachsklären mit einer Phase muss mit einem relativ hohen Verlust an Wachs gerechnet werden. Daher empfiehlt sich das Wachsklären erst für Imkereien mit großen Wachsmengen. Solche professionellen Klärbottiche werden nicht mit Wasser, sondern mit einem Thermoöl temperiert. Dadurch kann das Wachs in einem Klärbottich deutlich über 100°C erhitzt werden, sodass sich ein Klärbottich auch zum vollständigen Entseuchen des Wachses eignet (siehe auch Kasten Seite 87).

„WASCHEN": ZWEI-PHASEN-REINIGUNG

Beim Wachswaschen hingegen wird das flüssige Wachs mit einem anderen Lösungsmittel durchspült. In der Laborsprache nennt man diesen Vorgang auch Ausschütteln. Diese Methode basiert auf der Tatsache, dass zwei ineinander nicht mischbare Flüssigkeiten, z. B. flüssiges Wachs und heißes Wasser, im Ruhezustand immer wieder zwei Phasen bilden, selbst wenn sie vorher heftig verrührt oder geschüttelt wurden. Befinden sich wasserlösliche Bestandteile oder Einschlüsse im Wachs, können diese beim Schütteln die Flüssigkeit, die Phase, wechseln, wenn sie sich in der anderen Flüssigkeit besser lösen. Das „(Aus-)Schütteln" oder auch „Durchrühren" hat dabei den Zweck, die Phasengrenzfläche zwischen Wachs und Wasser zu vergrößern und so einen Phasenübergang zu erleichtern.

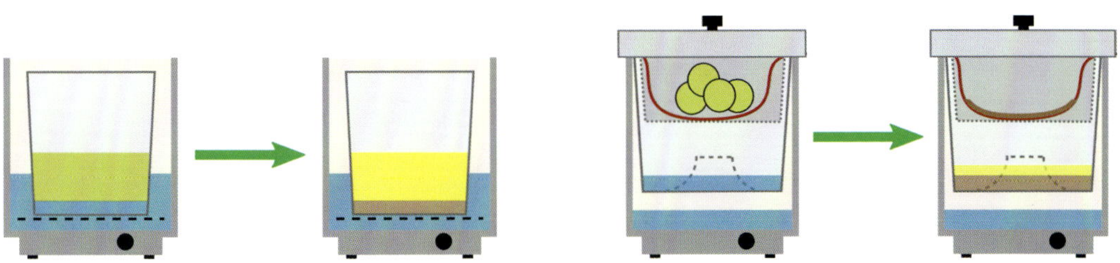

Beispiele für eine Zwei-Phasen-Reinigung: Links: Erhitzen im Wasserbad; rechts: Dampfschmelzen.

Umgießen des Wachs-Wasser-Gemischs in einen Absetz-Eimer.

Die beiden Phasen setzen sich deutlich voneinander ab.

Beim Ausschütteln kommt ein Grundsatz der Polaritäten von Stoffen zum Tragen, wie er in Kapitel „Löslichkeit und Polarität“ beschrieben ist. Danach „fühlt“ sich beispielsweise ein polares, also wasserliebendes Zuckermolekül in Wasser „wohler“ als im unpolaren, also wasserabweisenden Wachs. Entsprechend löst sich beispielsweise der Zucker vom Restfutter besser in Wasser und wird sich, wenn sich die Gelegenheit bietet, vorzugsweise in die wässrige Phase wechseln und sich dort lösen. Auf diese Weise werden wasserlösliche Fremdstoffe aus dem Wachs ausgewaschen.

In der imkerlichen Realität wird jedoch ein im Wasserbad erhitzter Eimer mit einem Wasser-Wachs-Gemisch wohl kaum „geschüttelt“ werden. Praktikabler ist das (vorsichtige!) Verrühren der beiden heißen Flüssigkeits-Phasen oder das Umgießen beider Phasen in einen bereitgestellten (leicht konischen) Topf oder Eimer, in dem sich Wasser und Wachs in Ruhe trennen und abkühlen können. Zweckmäßigerweise kann das Umgießen des Wachs-Wasser-Gemischs durch ein Seihtuch erfolgen, sodass grobe Verunreinigungen abgetrennt und entfernt werden.

Das Wachswaschen ist in der Reinigungswirkung deutlich effektiver als das Wachsklären. Allerdings eignet es sich nur für kleinere Wachsmengen von einigen Kilogramm Wachs pro Jahr. Gerade deshalb ist es jedoch für die meisten Klein- und Hobbyimker eine sehr gute und effektive Reinigungsmethode. Ab Seite 115 wird daher diese Methode im Detail beschrieben. Wie schon angedeutet, wird dort das Wachswaschen anhand des mittlerweile bekannten Dampfentwachsers ausführlich erklärt.

ERSTARREN

Das Abkühlen des Wachs-Wasser-Gemischs sollte bis zum Ende des Erstarr-Prozesses möglichst langsam und in Ruhe erfolgen, damit das Gemisch ausreichend Zeit bekommt, sich vollständig in zwei Phasen zu trennen und sich Schmutzpartikel absetzen können. Auf diese Weise entsteht ein recht sauberer Wachsblock, der relativ einfach aus dem Eimer entnommen werden kann. Gegebenenfalls muss noch die Zankschicht entfernt werden, die sich beim Abkühlen zwischen Wachs und Wasser gebildet hat.

Abtrennen einer dünnen Zankschicht auf der Unterseite eines fertigen Wachsblocks.

Risse im Wachs können bei zu schnellem Abkühlen entstehen.

Diese Schicht kann aus verseiftem Wachs bestehen, das sich zwar in heißem Wasser löst, jedoch beim Abkühlen ausfallen kann. Diese Schicht sollte großzügig mit einem Stockmeißel[47] abgekratzt werden.
Beim Reinigen von Rohwachsen mit Zuckereinschlüssen, die sich beim Einschmelzen von alten Futterwaben gebildet haben, kann es vorkommen, dass sich im Bereich der Zankschicht ein körniger Wachsbereich bildet. Grund hierfür ist, dass sich durch die relativ hohe Zuckerkonzentration im Waschwasser stabile Grenzschichten um kleinere Wachströpfchen bilden und das Zusammenfließen dieser Tröpfchen während des Abkühlens erschweren. In solchen Fällen ist eine Wiederholung des Reinigungsvorgangs mit frischem Wasser sinnvoll.[48]
Der Schmelzbereich von Bienenwachs liegt bei etwa 40 bis 67 °C und ist gleichzeitig auch der Temperaturbereich, bei dem Bienenwachs erstarrt (siehe Kapitel „Schmelzen und Erstarren“, S. 38). Bienenwachs ist kein Reinstoff, sondern besteht aus einem Stoffgemisch, dessen einzelne Bestandteile bei unterschiedlichen Temperaturen schmelzen bzw. kristallisieren. Kühlt Wachs ab, bilden

47 Etwas exakter und sehr komfortabel lässt sich die Trennschicht mit einem sog. Hakenmesser, einem Schnitzmesser mit gebogener Klinge, entfernen.

48 Beim Umgießen von heißem Wachs, bei dem viel Zuckerreste im Waschwasser zu erwarten sind, kann es sinnvoll sein, vor dem Umgießen nicht zu rühren und stattdessen etwa dreiviertel des Wachs-Wasser-Gemischs in einen ersten, den Rest in einen zweiten Eimer zu gießen. Dadurch wird der Wachsblock im ersten Eimer sauberer, da dort nur wenige körnige Wachsteilchen anfallen werden. Diese bilden sich dann verstärkt im zweiten Eimer.

Beschriftete Wachsblöcke

sich schrittweise kristalline Strukturen. Zunächst bilden sich winzige Kristallisationsbereiche, sog. Domänen. Bei etwa 63°C trübt die Flüssigkeit ein, was wir als Erstarren wahrnehmen. Die größer werdenden Domänen bleiben zunächst aber gegeneinander beweglich, sodass das Wachs in diesem Zustand noch sehr weich ist. Die noch flüssigen Bestandteile werden jedoch mehr und mehr in ihrer molekularen Bewegung eingeschränkt. Dadurch ist die Bildung spannungsfreier Strukturen im Wachs zunehmend schwieriger. Ein langsames Abkühlen hilft so bei der Bildung einer geordneten und damit festen Wachsstruktur.
Dieser Prozess lässt sich beim Abkühlen des Wachses sehr gut anhand dessen Farbe beobachten. Das Wachs ist beim Erstarren zunächst weißlich gelb. Dieses Gelb wird nach und nach dunkler und nimmt schließlich eine gelb-orange Farbe an.
Gleichzeitig neigt Bienenwachs beim Abkühlen zur Volumen-Kontraktion. Anders ausgedrückt „schrumpft" das Wachs, wenn es kälter wird (siehe Seite 39). Daher sollte auch das weitere Abkühlen des erstarrten Wachses langsam erfolgen, da sich ansonsten Spannungen im Wachs bilden und für Risse im Wachsblock sorgen können. Wobei Risse oftmals auch ein Hinweis auf eingeschlossene Schmutzpartikel sind.
Wenn wir mit der Qualität des Wachsblocks zufrieden sind, sollten diese Blöcke gekennzeichnet werden. Wachssorte (Jung-, Alt- oder Fremdwachs) und evtl. auch Herstellungsmonat und -jahr können eingekratzt werden, oder es wird ein Zettel mit einem Tacker befestigt.

VIERTER SCHRITT: WACHS VERARBEITEN, WACHS AUSSCHLEUSEN

Unser Wachskreislauf schließt sich! In den vorangegangenen Schritten haben wir unsere Bienenwaben sowie den gesammelten Wildbau zu recht sauberem Wachs verarbeitet. Im Idealfall haben wir dabei die Wachssorten gewissenhaft getrennt verarbeitet. Dieses Wachs soll jetzt zu Mittelwänden verarbeitet und den Bienen im Frühjahr zurückgegeben werden.

MITTELWÄNDE HERSTELLEN

Bei der Herstellung der Mittelwände sollte das Wachs in der Reihenfolge Jungwachs, Altwachs, Fremdwachs verarbeitet werden. Insbesondere zu Beginn des Wachskreislaufs wird es mehr Fremdwachs als Jung- oder Altwachs geben. Das wird sich im Laufe der Jahre aber ändern, sodass ausreichend Altwachs bzw. Jungwachs vorhanden sein wird, um genügend Mittelwände für den eigenen Bedarf herzustellen. Ebenso wie das gewonnene Wachs sollten Mittelwände aus unterschiedlichen Wachssorten separat hergestellt und gelagert werden.

GIESSEN

Zur Herstellung eignen sich Wachsgießformen, in denen die Mittelwände – ähnlich wie in einem Waffeleisen – einzeln, Stück für Stück produziert werden. Solche Gießformen sind recht teuer und daher häufig in den Imkervereinen vorhanden und können rotierend ausgeliehen werden. Alternativ können sich Imker zu einer „Gießgemeinschaft“ zusammenschließen und so die

Ein Stapel frisch gegossener Mittelwände.

01

02

geteilten Kosten auf ein erträgliches Maß reduzieren. In beiden Fällen funktioniert das allerdings nur dann, wenn jeder Imker sorgsam mit dem Gerät umgeht.

Die Gießform wird während der Arbeit kontinuierlich über einen (Garten-) Schlauchanschluss mit Wasser gekühlt. Dazu reicht bereits ein recht geringer Durchfluss aus. Das verbrauchte Kühlwasser muss natürlich aufgefangen oder abgeleitet werden. Wird die Form nicht gekühlt, dauert das Gießen sehr viel länger, da die Mittelwände unterhalb von 40°C abgekühlt sein sollten, um sie schadlos aus der Form entnehmen zu können. Das Wachs sollte aber nicht zu kalt und damit brüchig werden. Die eigentliche Gießform ist aus Silikon gefertigt, sodass ich das Wachs problemlos ablösen lässt. Allerdings kann das Wachs an den metallischen Bauteilen der Gießform haften. Zum besseren Ablösen können diese Teile ab und an mit einem Trennmittel bepinselt oder eingesprüht werden. Dazu eignet sich etwas Wasser mit einem Tröpfchen Spülmittel.

Beim Arbeiten ist es hilfreich, Wachsbottich und Gießform ergonomisch aufzustellen. Insbesondere sollte der Weg vom Bottich zur Form kurz sein, damit möglichst wenig Wachs vertropft wird. Gerade aus diesem Grund hat ein Arbeitsplatz im Freien Vorteile.

Das flüssige Wachs wird auf 75 bis 80°C, also einige Grad oberhalb des Schmelzbereichs, erwärmt und mit einer Schöpfkelle im hinteren Bereich auf die Wachsform gegeben. Mit etwas Übung ist die richtige Menge an Wachs, die für eine Mittelwand benötigt wird, schnell herausgefunden. Anschließend wird die Form zügig geschlossen und kurz zugepresst. Überschüssiges Wachs läuft in das vordere Auffangbecken, in dem sich bereits rücklaufendes Kühlwasser befindet. Das so erstarrte Wachs kann zurück in den Schmelzeimer gegeben werden und dort erneut eingeschmolzen werden.

Dazu wird das abgekühlte, überschüssige Wachs an der Vorderseite der geschlossenen Gießform mit einem Holzspatel entfernt. Auf diese Weise wird die empfindliche Sili-

03

04

konform nicht beschädigt. Ebenfalls mit einem Holzspatel wird dann die Fuge im Klappspalt nachgezogen. Dadurch wird das Aufklappen erleichtert, erfordert aber dennoch etwas Gefühl und Erfahrung.
Die Mittelwände können nun aus der geöffneten Form herausgenommen und gestapelt werden. Sollten dabei kleinere Stellen abreißen, ist das für die Bienen kein Problem. Solche Mittelwände können ohne Probleme verwendet werden. Bei größeren Defekten wird die Mittelwand – ebenso wie das überschüssige Gießwachs – einfach in den Schmelzbottich zurückgegeben.
Nach dem Gießen werden die Mittelwände trocken, kühl und getrennt nach Wachssorte gelagert.

GIESSWALZEN

Das Gießen der Mittelwände kann auch in einem kontinuierlichen Prozess geschehen. Dazu wird das flüssige Wachs in einer speziellen Anlage auf rotierende Walzen gegossen. Bei diesem Gießwalzen erstarrt das Wachs zwischen den Walzen und kommt als langer Mittelwandstreifen aus der Anlage heraus, der dann natürlich noch zugeschnitten werden muss.
Allerdings sind diese Anlagen teuer, sodass diese Maschinen überwiegend bei gewerblichen Umarbeitern zu finden sind, die zugekauftes Bienenwachs zu Mittelwänden verarbeiten und im Imkereifachhandel anbieten. Auf diese Weise funktioniert auch der „Tausch“ von Altwachs gegen Mittelwände, wobei natürlich ein geringerer Kilo-

01 Die Schöpfkelle aus Edelstahl etwas abtropfen lassen.

02 Das Wachs bleibt lange genug flüssig für ein ruhiges und gleichmäßiges Gießen.

03 Die Mittelwand lässt sich ggf. mit Hilfe eines Holzspatels von der Gießform trennen.

04 Die fertige Mittelwand sollte beim Entnehmen geschmeidig warm sein.

Überschüssiges Wachs wird erneut eingeschmolzen.

preis für das Altwachs angerechnet wird als die fertigen Mittelwände kosten. Nachteilig ist, dass der Imker dabei in der Regel nicht sein eigenes, sondern Fremdwachs bekommt – mit allen Problemen, die an verschiedenen Stellen in diesem Buch bereits beschrieben sind.

Es gibt aber auch Dienstleister, die ab einer gewissen Menge Bienenwachs chargenrein entseuchen und umarbeiten.[49] Je nach Mindestmenge, die zum Umarbeiten notwendig ist, kann so ein Angebot auch für kleinere Imkereien von Interesse sein. Im Rahmen eines solchen Konzepts gibt der Imker sein Wachs ab und zahlt dafür die Dienstleistung des Umarbeitens, die pro Kilogramm berechnet wird und in der Regel von der Menge des zu verarbeitenden Wachses abhängt. Der Kilogramm wird somit bei kleinen Mengen höher ausfallen als bei großen Wachsmengen.

Prozessbedingt bekommt der Imker nur einen Teil der eingereichten Wachsmenge in Form von Mittelwänden zurück. Einen kleinen Teil, der beim Reinigen und Verarbeiten anfällt, wird der Imker ebenfalls als Rest zurückbekommen (siehe Abb. auf S. 29). Dahinter stecken keine bösen Absichten, sondern es stellt ein unabdingbares Quali-

49 Das reine Mittelwandgießen wird teilweise auch von Betreuten Werkstätten angeboten [71].

tätsmerkmal dar, da eine Wachscharge nicht zu 100% umgearbeitet werden kann. Wer vorgibt, die gesamte eigene Wachsmenge als Mittelwände ohne Restwachs zurückzugeben, arbeitet – milde gesprochen – unseriös. Das entstehende Restwachs kann zusammen mit anderem Eigenwachs eingeschmolzen und erneut feingereinigt werden, um es später wieder zum Umarbeiten abzugeben.

WALZEN

Ein ähnliches, aber aufwendigeres und daher weniger verbreitetes Verfahren ist das reine Walzen der Mittelwände. Dazu muss zunächst eine etwa 1 cm dicke Wachsplatte hergestellt werden, die dann auf Mittelwand-Stärke heruntergewalzt wird. Dieses Verfahren verlangt viel Erfahrung bei der Temperierung und Führung der Wachsplatte während des Walzvorgangs.
Solche Walzen gibt es auch für den Handbetrieb. Neben der Walze sind Gießformen für die Wachsplatten sowie ein Wärmebad zum Vorwärmen der Wachsplatten notwendig. Anders als beim Gießen oder Gießwalzen können Wachsreste nicht sofort eingeschmolzen und zurück in den Prozess gegeben werden. Es fällt beim Walzen also mehr Restwachs an.
Zudem sollte erwähnt werden, dass das Arbeiten mit rotierenden Walzen nicht ungefährlich ist.

01

RÄHMCHEN MIT MITTELWÄNDEN HERSTELLEN

Bevor die Mittelwände eingelötet werden, müssen die Rähmchen vorbereitet werden. Gemäß einer guten Imkerweise wurden die Rähmchen nach dem Einschmelzen bereits im Herbst oder Winter gereinigt (siehe Kapitel „Rähmchen waschen", S. 121) und trocken gelagert. Nun werden alle Rähmchen einer Sichtprüfung unterzogen. Lose Verbindungen werden mit Hammer und Nägelchen nachgearbeitet und zu alte Rähmchen aussortiert.

RÄHMCHEN DRAHTEN

Sind die Drähte im Rähmchen lose, werden sie durch neue ersetzt oder nachgezogen. Zum Nachspannen eignen sich zumindest zwei Methoden. Zum einen können die Drähte mit einem Spanner oder einer Zange gewellt und so verkürzt werden. Recht einfach ist auch das seitliche Verdrehen des Drahtes mit einer Spitzzange.
Rähmchen können senkrecht oder waagerecht verdrahtet werden. Bei der senkrechten Variante sind die Drähte kürzer, und es wird ein Durchhängen und damit Verformen der Waben vermieden. Das Befreien der Rähmchen-Oberträger von Wildbau im imkerlichen Alltag ist jedoch bei waagerecht ge-

drahteten Rähmchen einfacher, da hier keine Drähte oberhalb des Trägers verlaufen.
Das (Neu-)Verdrahten von Rähmchen sollte nicht in kalter Umgebung geschehen. In der Beute werden die Rähmchen knapp 40 °C warm. Entsprechend dehnen sich die Drähte aus und verlieren ihre Spannung, was dazu führen kann, dass die Waben durchhängen und ausbeulen. Der Draht sollte also ordentlich gespannt sein, bevor die Mittelwand eingelötet wird. Mit einer Wangenklemme oder speziellen (und entsprechend teuren) Apparaturen kann das Rähmchen längs zur Drahtrichtung zusammengedrückt und in diesem Zustand verdrahtet werden. Nach dem Entfernen der Klemme ist die Spannung der Drähte deutlich erhöht.

MITTELWÄNDE EINLÖTEN

In die so gespannten und vorbereiteten Rähmchen können nun die Mittelwände eingelötet werden. Zweckmäßigerweise werden die Drähte dazu mithilfe eines Trafos durch Anlegen einer Spannung erhitzt. Die notwendige Spannung, die am Draht anzulegen ist, ist u. a. abhängig von der Beschaffenheit des Drahtes. Werden Edelstahl-Drähte verwendet, ist die Leistung etwas höher zu wählen als bei verzinnten Drähten. Im Handel werden verschiedene Trafos angeboten, die mit einer max. Anschlussleistung von 100 bis 150 VA speziell für diesen Zweck ausgelegt wurden. Bei einigen dieser Trafos kann zwischen zwei oder drei Leistungen umgeschaltet werden. Im Preis oftmals vergleichbar aber deutlich flexibler sind

01 Mit einfachem Werkzeug lassen sich Rähmchen nachspannen.

02 Mit einem Wabendraht-Spanner wird der Draht verkürzt und dadurch gespannt.

03 Alternativ kann der Draht seitlich mit einer Spitzzange verdreht werden.

04 Der Draht wird ebenfalls durch Verkürzen gespannt.

02

03

04

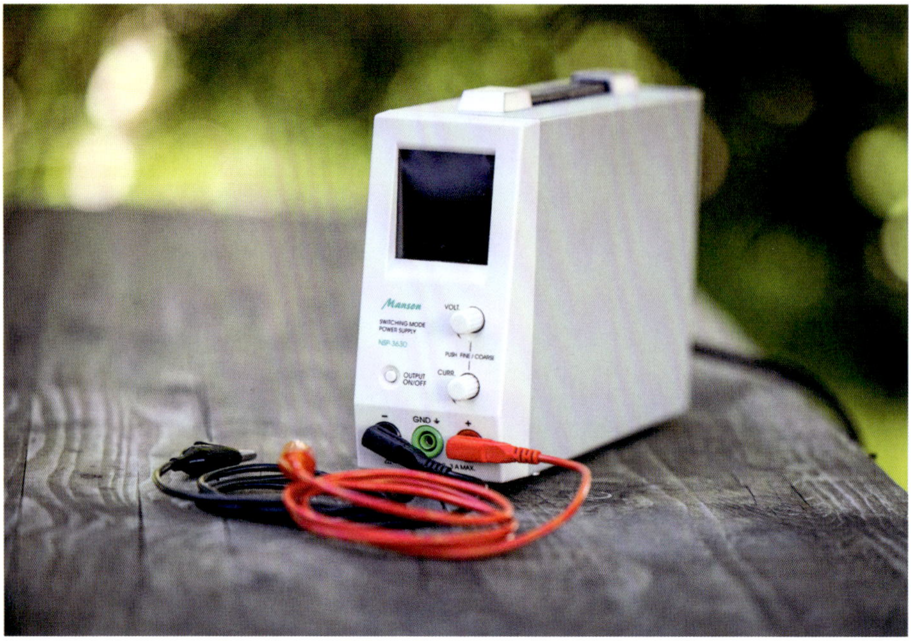

Beispiel eines Labornetzgeräts

sogenannte *Labornetzgeräte*,[50] bei denen Spannung U und Stromstärke I stufenlos einstellbar sind. Die Anschlussleistung[51] kann mit einem solchen Netzteil frei gewählt und so die Heizleistung beim Einlöten der Mittelwände angepasst werden.
Der Trafo oder das Netzteil werden am besten mit Krokodil-Klemmen (kurz Krokoklemme) mit dem Draht des flach liegenden Rähmchens verbunden. Auf diese Weise sind beide Hände frei, um die Mittelwand zu positionieren und ggf. an der ein oder anderen Stelle an den Draht anzudrücken. Nach Anlegen der Spannung schmilzt die aufgelegte Mittelwand im Bereich der Drähte. Wird die Spannung von dem Draht genommen, erstarrt das Wachs aber umgehend, und die Mittelwand ist an den Drähten fixiert. Das Rähmchen sollte nun noch entsprechend der Wachssorte und ggf. der Orientierung (siehe Kapitel „Orientierung", S. 57) der Mittelwand markiert werden. So kann das Wachs dieser Wabe, wenn sie später einmal als Altwabe aus der Beute entnommen wird, entsprechend zugeordnet werden.
Die Mittelwand sollte so positioniert werden, dass etwas Platz zum Unterträger des Rähmchens verbleibt. So kann sich die Mittelwand ein wenig ausdehnen bzw. absacken, ohne dass sich bauchartige Ausbeulungen bilden. Mitunter löten einige Imker lediglich dünne Mittelwandstreifen ein, die den Bienen als Starthilfe zum Bau der Wabe dienen sollen. Für diese Streifen sind senkrecht gedrahtete Rähmchen besser geeignet.

50 Ein Labornetzgerät ist nichts anderes als ein regelbarer Transformator (kurz „Trafo")

51 Die Anschlussleistung (oder Scheinleistung S[VA]) wird aus dem Produkt von Spannung U[V] und Stromstärke I[A] gebildet.

WACHSÜBERSCHÜSSE AUSSCHLEUSEN

Am Ende des Bienenjahres kann üblicherweise nach einigen Jahren des eigenen

Die Mittelwand wird durch das Einlöten an den Drähten fixiert.

Wachskreislaufs überschüssiges Wachs ausgeschleust und für andere Zwecke verwendet werden. Ausgeschleust wird zunächst das Fremdwachs, sobald ausreichend eigenes Wachs (also Jung oder Altwachs) vorhanden ist, um alle Bienenvölker mit neuen Waben bestücken zu können. Später wird es Ziel eines Imkers sein, nur noch das Jungwachs zu Mittelwänden zu verarbeiten und auch das Altwachs auszuschleusen. Das funktioniert unter Umständen aber nicht immer, sodass ein Imker stets etwas Altwachs vorrätig haben sollte, auf das er zurückgreifen kann, wenn das Jungwachs einmal nicht ausreichen sollte.

Ausgeschleustes Wachs muss natürlich nicht entsorgt werden. Es kann an den Handel oder auch an Privatpersonen verkauft werden. Oder es wird zu Produkten wie Kerzen, Polituren für Holz oder Wachstüchern verarbeitet. Anleitungen und Hilfen dazu finden sich in spezialisierten Büchern und Heften zu diesem Thema. Auf die Verwendung von Bienenwachs für kreative, kosmetische oder andere Anwendungen wird in diesem Buch nicht weiter eingegangen. Gleiches gilt für das Bleichen oder Aufhellen von Wachs für diese Zwecke mit Oxidationsmitteln wie Wasserstoff-Peroxid. Dieses – im doppeldeutigen Sinne – „Verblassen“ des Wachses mag einem schlichten Idealbild entsprechen, nimmt aber dem Bienenwachs auch seinen Charakter und damit ein wenig seine „Seele“.

Obwohl der Imker sein Wachs (mit Ausnahme des anfänglichen Fremdwachses) recht gut kennt, sollte er seine Wachs-Kunden darauf aufmerksam machen, dass selbst er nicht für die Reinheit seines Wachses garantieren kann, die insbesondere für die spätere Verwendung in Cremes oder Wachstüchern notwendig ist. Was nicht bedeutet, dass das Wachs nicht geeignet ist. Sehr wahrscheinlich ist das Bienenwachs aus dem Wachskreislauf einer kleinen Imkerei das sauberste überhaupt. Aber ohne entsprechende Nachweise kann der Imker das nicht garantieren.

PRAKTISCHE HILFESTELLUNGEN

WECK

ZWEI-PHASEN-DAMPFREINIGER

In den vorangegangenen Kapiteln wurde an vielen Stellen ein gewöhnlicher Einkochtopf für den Einsatz in einer kleinen Imkerei als kostengünstige Alternative zu Spezialgeräten vorgestellt. Hier sollen daher die einzelnen Arbeitsschritte mit diesem universellen Topf etwas ausführlicher beschrieben werden. Im Fokus steht dabei die Gewinnung von recht sauberem Wachs auf Basis einer Zwei-Phasen-Reinigung. Im Wachskreislauf sind dies die beiden Schritte „Waben schmelzen" und „Wachs waschen", die mit dem Einkochtopf sehr ähnlich sind und für die an dieser Stelle praktische Hilfestellungen zur Umsetzung gegeben werden.

Auf die Möglichkeit, den Topf als Wasserbad zum Wachsgießen zu nutzen, wurde bereits im Kapitel „Verflüssigen" hingewiesen. Bislang unerwähnt geblieben ist dagegen das Waschen der Rähmchen nach dem Einschmelzen, das ebenfalls – man ahnt es schon – mit dem Einkochtopf möglich ist. Der notwendige apparative Aufwand zur Umsetzung dieser Methode mit Hilfe des hier beschriebenen Einkochtopfs ist erstaunlich einfach. Mit dem Einsatz dieses zentralen Gerätes werden so nicht nur Kosten minimiert, sondern auch der Geräte-„Fuhrpark" und damit der Platzbedarf in der eigenen Imkerei reduziert.

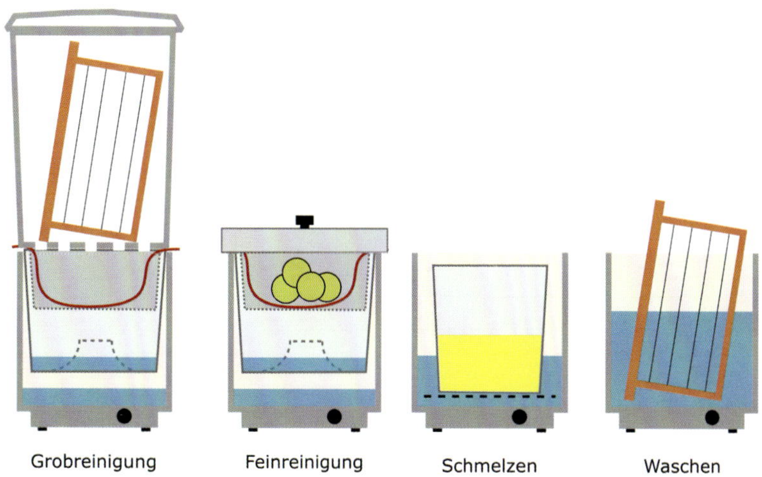

Ein Topf mit vielen Einsatzmöglichkeiten. Mit einem Einkochtopf mit Entsafter-Einsatz und einer Erweiterung für Wabenrähmchen können viele Aufgaben in einer kleinen Imkerei einfach und kostengünstig erledigt werden.

EINKOCHTOPF UND ENTSAFTER-EINSATZ

Bei der Anschaffung eines Einkochtopfs kann auf ein gebrauchtes Gerät zurückgegriffen werden. Wichtig ist dabei, dass der Topf technisch einwandfrei ist. Aber selbst als Neuware sind die Töpfe durchaus erschwinglich. Es sollten beim Kauf aber einige Punkte beachtet werden, sodass der Topf optimal zum Wachsverarbeiten eingesetzt werden kann.

— Ein Einkochtopf wird über ein integriertes Heizmodul betrieben. Das heißt, es wird keine zusätzliche Heißeinheit, etwa ein Gasbrenner oder ein Kochfeld, benötigt. Der Topf eignet sich so auch zum Arbeiten im Freien (was bei Arbeiten mit Wachs grundsätzlich zu empfehlen ist). Zwar existieren auch einfache Entsafter-Töpfe, die z. B. auf einer Herdplatte betrieben werden. So ein Aufbau wird aber schnell zu einem gefährlichen babylonischen Turmbau. Keinesfalls sollte zum Heizen ein Brenner mit offener Flamme verwendet werden!

— Der Topf benötigt zwingend eine „Einkoch-„ oder „Entsaften-Funktion“. Bei dieser Einstellung setzt die Temperatur-Regelung aus, mit der Folge, dass der Topf stetig heizt und so Wasserdampf produziert.

Notwendige Einkochfunktion des Topfes

Ist diese Funktion nicht vorgesehen, wird die Regelung bei 100°C Solltemperatur den Topf nach Erreichen der 100°C abschalten, und die Temperatur wird zwischen etwa 92° und 100°C pendeln. Zum Dampferzeugen reicht das jedoch nicht aus.

— Ein Überhitzungsschutz bewirkt das automatische Abschalten, wenn zu wenig Wasser eingefüllt wurde oder der Topf während des Betriebs „aus den Augen verloren“ wurde.

— Der Topf sollte vorzugsweise aus Edelstahl bestehen oder eine Emaille-Oberfläche besitzen – auch wenn er dadurch etwas schwerer wird. Diese Beschichtung ist extrem widerstandsfähig und gleichzeitig gut zu reinigen. Allerdings darf die Emaille nicht beschädigt sein, da darunter Metall zum Vorschein kommt, das mit dem Wachs reagieren kann. Deshalb darf der Topf auch keinesfalls aus Aluminium bestehen.

— Für den Einkochtopf muss ein passender Entsafter-Einsatz oder -Aufsatz existieren. Das heißt, ein Aufsatz muss gut am Topf schließen, damit während der Arbeit kein Dampf entweichen kann. Der Entsafter-Einsatz ist in der Regel aus Kunststoff, was aber völlig ausreichend ist und ihn auch deutlich leichter werden lässt. Solche Einsätze werden neu oder gebraucht, z. B. im Internet angeboten.

Ein Entsafter-Aufsatz ohne Abfluss-Hahn und -Schlauch hat den Vorteil, dass sich dieser nicht mit Wachs zusetzen kann. Besser ist ein Entsafter-Einsatz mit einer Auffangschale, aus der nach Abschluss des Schmelzvorgangs das komplette Wasser-Wachs-Gemisch in den Absetz-Eimer umgefüllt werden kann. So bleibt das gesamte Wachs gleichmäßig heiß und kann gleichmäßig abkühlen.

Es ist dabei nicht sonderlich schlimm, wenn geringe Wachsmengen an der Wandung der

01

02

Auffangschale zurückbleiben und aushärten. Diese Wachsreste werden beim nächsten Schmelzvorgang ausgespült.[52]

— Für eine mögliche Erweiterung zum Schmelzen der Altwaben eignet sich eine sogenannte „Oscar-Tonne“. Eine solche Tonne muss gut auf den Seiher des Entsafter-Aufsatzes passen (Durchmesser messen! Und ggf. den Seiher des Entsafter-Einsatzes vor Ort im Geschäft anpassen).

52 Dadurch können beim Wechsel von Eigen- auf Fremdwachs geringe Mengen an Wachs verschleppt werden. Wer das nicht möchte, kann sich einen zweiten Entsafter-Einsatz (einen für Fremdwachs, den anderen für Eigenwachs) zulegen.

03

04

05

01 Befüllen des Topfes mit Leitungswasser

02 Topf mit aufgesetzter Osca-Tonne

03 Wachssammler und Seiher (siehe Bild auf Seite 91) werden eingesetzt

04 ausreichend große Löcher im Tonnen-Boden

05 Stapelhilfe für die Rähmchen

Die Tonne wird aufrecht auf den Seiher gestellt. Es müssen also noch Löcher in den Boden geschnitten werden, damit Dampf hochsteigen und das geschmolzene Wachs auch herauslaufen kann.

- Desweiteren sind zwei Gitter hilfreich. Ein sauberes für den Topf als Untersetzer für Wachseimer, das andere (stets etwas schmutziges) wird als Trenngitter unter den Rähmchen in der Oscar-Tonne genutzt, damit die Löcher vom evtl. herunterfallenden Trester nicht verstopft werden.
- Weiteres sinnvolles Zubehör sind Seihtücher[53], Korken für den Dampfschornstein, Handschuhe, Schutzbrille, Stockmeißel und Holzspatel zum Grobreinigen der leeren Rähmchen sowie ein faltbarer Sack[54] aus dem Gartenmarkt. Dieser Sack wird kopfüber über den Einkochtopf gestülpt, um ihn thermisch zu isolieren. Dadurch wird der Schmelzvorgang, insbesondere im Winter, deutlich beschleunigt.

Ein Einkochtopf samt Entsafter-Einsatz sollte ausschließlich dem Einsatz in der Imkerei vorbehalten sein. Es sollten darin keinesfalls zwischendurch Lebensmittel zubereitet werden – auch wenn nicht bekannt ist, wie Bienen auf Bockwurst- oder Glühwein-Gerüche reagieren.

WABEN SCHMELZEN UND WACHS WASCHEN

Die Rohwachsgewinnung aus Waben (Schritt 2 des Wachskreislaufs) sowie das Waschen des Rohwachses (Schritt 3 des Wachskreislaufs) sind beim Einkochtopf immer mit einer Zwei-Phasen-Reinigung verbunden. Es wird also immer Wasser im Wachssammler vorgelegt. Dieses Wasser wird stets über den Wasserdampf aus dem Einkochtopf zusammen mit dem Wachs erhitzt, sodass das geschmolzene Wachs in heißes Wasser tropft. Dies ist für die Reinigungswirkung ein entscheidender Vorteil. Schritt 2 und 3 des Wachskreislaufs unterscheiden sich somit hauptsächlich im Reinheitsgrad des einzuschmelzenden Wachses und in der Art der Beschickung des Einkochtopfes. Bei der Rohwachsgewinnung aus Altwaben wird die Oscartonnen-Erweiterung aufgesetzt. Beim Waschen des Rohwachses z. B. aus dem Sonnenschmelzer werden die Wachsbrocken direkt in den Seiher gelegt.

In beiden Fällen, bei der Rohwachsgewinnung und beim Wachswaschen, sollte vorab ein Seihtuch in den Seiher gelegt werden. Dennoch wird das Rohwachs aus den Altwaben in der Regel zur Reinigung einen zweiten Durchlauf durch den Dampfentsafter machen müssen.

AUFBAU DES DAMPFENTWACHSERS

- Der Einkochtopf wird mit etwa 5 Liter Wasser befüllt. Dazu kann Leitungswasser verwendet werden.
- Der Wachssammler wird ein- bzw. aufgesetzt und mit etwa einem Liter Wasser befüllt. Es empfiehlt sich, das Wasser vorab mit dem später verwendeten Absetz-Eimer abzumessen (siehe Kasten auf S. 120). Dadurch wird das Risiko minimiert, dass die Wachs-Wasser-Mischung beim Umschütten überläuft.
- Da in dieses Wasser das Wachs tropfen wird, sollte es nach Möglichkeit salzfrei sein. Hier bietet sich destilliertes oder VE-Wasser[55] an, das im Baumarkt erhältlich ist.

53 Seihtücher können im Fachhandel erstanden werden. Es eignen sich aber auch neue oder gebrauchte Stoffwindeln, die man jedoch vorher waschen sollte (kleiner Spaß!).

54 Tonnenförmiger Popup-Sack mit einem Durchmesser von etwa 45 cm (bzw. 55 cm für die Oscar-Tonne und 25 cm für den Klär-Eimer).

55 VE = voll entsalztes Wasser

ausreichend Platz für Rähmchen

Der Sack isoliert den Topf effektiv und einfach

Man kann das Wasser alternativ oder zusätzlich ansäuern (siehe Kasten auf Seite 37). Schutzbrille tragen!

— Auf den Wachssammler folgt der Seiher. In den Seiher wird ein Seihtuch gelegt. Man kann dieses Tuch durchaus mehrfach verwenden, wenn es nach Gebrauch mit heißem Spüli-Wasser ausgewaschen wurde.
— Nun folgt das Beschicken mit Wachsbrocken oder Altwaben.
  Es hat sich als sinnvoll erwiesen, pro Durchlauf etwa zwei Kilogramm Wachs zu verwenden. Die Menge an Wachs wird in erster Linie durch das Volumen der Auffangschale bestimmt. Das kann je nach Modell variieren.
— Den Deckel aufsetzen und den Einkochtopf einschalten. Einkochfunktion auswählen.

SCHMELZPROZESS

Der gesamte Topf kann nun mit dem faltbaren Sack (siehe oben) überstülpt werden. Den Sack haben wir uns für wenige Euros gegönnt, um nicht den alten aus dem Gartenschuppen mit den Laubresten nehmen zu müssen.

Auf diese Weise kühlt der Topf deutlich langsamer aus, und der Schmelzprozess ist sehr viel schneller. Zu beachten ist, dass für die Oscar-Tonne ein etwas größerer Sack als für den Topf benötigt wird.
Nach 30 bis 40 Minuten ist das Wachs geschmolzen.
Vorsicht: Nehmen wir jetzt den Sack weg oder heben den Deckel des Einkochtopfs hoch, kommt uns eine geballte Ladung Wasserdampf entgegen! Deshalb: Abstand halten, Handschuhe an, Brille auf!
Sofern die Oscar-Tonne im Einsatz ist, erkennt man durch Anheben einzelner Rähm-

Der Schornstein wird mit einem Korken verschlossen.

AUSWAHL DER GEBINDEGRÖSSEN BEIM WACHSSCHMELZEN

Schon vor Schmelzbeginn sollte man sich über die Gebinde Gedanken machen, die man beim Arbeiten mit Wachs verwenden möchte. Das heiße Wachs-Wasser-Gemisch, das aus dem Dampfschmelzer kommt, wird zum Abkühlen in einen „Absetz-Eimer" gegeben. Dort bildet sich der saubere Wachsblock, der später zum Wabengießen wieder eingeschmolzen werden wird. Der Absetz-Eimer für das Wachs-Wasser-Gemisch sollte daher so bemessen ein, dass der darin entstehende Wachsblock später in den Schmelzeimer passt, aus dem das Wachs zum Wabengießen geschöpft werden soll – ohne diesen Block vorher aufwendig zerschlagen zu müssen.
Der Absetz-Eimer muss dazu kopfüber in den Schmelztopf passen.[56] Als sinnvoll hat sich ein einfacher 5-Liter-Eimer aus Kunststoff erwiesen (der z. B. für die unterschiedlichsten Produkte wie Vogelfutter, Salate, Grillanzünder, etc. als Verpackung dient). In diesen Topf passt ein Wachs-Wasser-Gemisch mit bis zu zwei Kilogramm Wachs und etwa einem Liter Wasser. Zudem kann später der abgekühlte Wachsblock recht einfach von der etwas flexiblen Wandung abgelöst werden.

5-Liter-Klär-Eimer mit Markierung

Eimer gefüllt mit Wachs-Wasser-Gemisch

56 Kopfüber deshalb, da der Absetz-Eimer in jedem Fall konisch sein sollte. Somit hat er am Boden einen kleineren Durchmesser als an der Öffnung. Damit der Wachsblock nicht im ebenfalls konischen Schmelztopf hängen bleibt (und damit schwieriger zu schmelzen ist), muss die Oberseite des Klär-Eimers den Boden des Schmelzeimers berühren können.

chen sehr schnell, ob die Altwaben komplett ausgeschmolzen sind. Ist das der Fall, werden die Rähmchen einzeln entnommen und grob gereinigt. Anschließend kann die Oscar-Tonne abgenommen werden und im warmen Zustand auf reichlich Zeitungspapier entleert werden.
Nun kann der Seiher kontrolliert werden. Ist auch hier das gesamte Wachs in den Sammler getropft, wird der Seiher hochgenommen und auf den umgedrehten Deckel gestellt. Aus dem Seiher kann noch Wasser mit etwas Restwachs tropfen.
Das Seihtuch mit dem Trester sollte etwas abkühlen und warm aus dem Seiher entnommen werden. Im kalten Zustand klebt das Tuch am Seiher und ist entsprechend schwer zu entnehmen. Wird kein Seihtuch verwendet, sollte er wie auch die Oscar-Tonne warm entleert werden.
Bevor wir den Wachssammler mit dem heißen Wachs-Wasser-Gemisch anheben, wird

der Schornstein des Sammlers mit einem Korken verschlossen. Ansonsten kann bei einem hohen Füllstand während des Ausgießens Flüssigkeit durch den Schornstein fließen.

WACHSBLOCK HERSTELLEN

- Den Einkochtopf ausschalten.
- Das Wachs-Wasser-Gemisch wird nun in den bereitgestellten Absetz-Eimer gegossen.[57] Beim Umgießen wird das Gemisch nochmals kräftig durchmischt, was beabsichtigt ist.[58]
- Der Absetz-Eimer kann vorsichtig auf eine isolierende Unterlage oder in eine Thermobox gestellt werden, wird dann aber ruhig stehengelassen. So kann das Abkühlen langsam erfolgen, und – wie auf Seite 99 beschrieben – eine optimale Trenn- und Reinigungsleistung erreicht werden.
- Ein Deckel des Absetz-Eimers wird lose aufgelegt, sollte aber den Eimer nicht fest verschließen. Ansonsten kann sich der Wachsblock samt Eimer aufgrund des Schrumpfens verformen und lässt sich dann ggf. nur sehr schwer aus dem Eimer entnehmen.
- Nachdem der Wachsblock über Nacht vollständig erstarrt und abgekühlt ist, kann er vom Eimer gelöst und herausgestülpt werden. - Auch hier sind Handschuhe sinnvoll, da das Waschwasser im Eimer noch sauer ist.
- Der Wachsblock wird kalt abgespült. Nach dem Trocknen kann ggf. mit einem Stockmeißel die Zankschicht entfernen werden (siehe Abbildung auf Seite 100).
- Der Wachsblock wird nun noch gemäß der verwendeten Wachssorte beschriftet. Dazu kann ein entsprechender Zettel mit einer (Edelstahl-)Heftzwecke oder mit einem Handtacker befestigt werden.

RÄHMCHEN WASCHEN

Oftmals sind die Rähmchen der Altwaben nach dem Einschmelzen noch reichlich verschmutzt. Das Abschaben der Trester-Reste direkt nach Entnahme aus dem Dampf ist zwar hilfreich, aber nicht ausreichend. Es ist deshalb ratsam, die Rähmchen nach dem Einschmelzen zu putzen. Häufig wird der Einsatz von starken Laugen, z. B. Kaliumhydroxid oder Natriumhydroxid (Ätznatron), empfohlen - auch mit dem Argument, dabei etwaige Krankheitserreger unschädlich zu machen.
Mit Ausnahme der amerikanischen Faulbrut[59] wurden jedoch bereits bei einer intensiven Wasserdampf-Behandlung alle Krankheitserreger abgetötet [62]. Deshalb kann auf starke Laugen verzichtet und stattdessen auf gewerbliche Spülmittel in warmem oder heißem Wasser zurückgegriffen werden. Die Rähmchen sollten darin etwas einweichen – dafür wird das Waschen der Rähmchen deutlich ungefährlicher!
In der Regel wird das Waschen der Rähmchen im Freien durchgeführt werden. Mit dem Einkochtopf steht uns eine Quelle für warmes Wasser zur Verfügung, sodass es auch bei herbstlichem oder winterlichem Wetter möglich ist, unsere Rähmchen mit einer einfachen Spülbürste von Trester, Propolis und Zuckerresten zu befreien. Die Rähmchen können im leider etwas zu kleinen Einkochtopf nur zur Hälfte einweichen. Die zweite Seite muss daher in einem zweiten Durchlauf eingeweicht und geputzt werden.

57 Der Boden rund um den Absetz-Eimer wurde vorab großzügig mit Zeitungspapier ausgelegt.
58 Werden kleinere Mengen Wachs verarbeitet (was mitunter sinnvoll sein kann), kann das Wachs-Wasser-Gemisch auch im Sammler abkühlen und die dünne Wachsschicht herausgebrochen werden.

59 Besteht der Verdacht auf AFB, müssen Rähmchen und Beuten fachgemäß desinfiziert werden. In diesem Fall ist Rat von den zuständigen Behörden einzuholen.

SICHERES ARBEITEN

In diesem Buch wird an einigen Stellen explizit auf einzelne Gefahren hingewiesen, die beim Arbeiten mit Bienenwachs entstehen können. Viele dieser Gefahren lassen sich im Vorfeld minimieren oder gar vermeiden. Dazu ist vor allem wichtig, sich dieser Gefahren bewusst zu werden. In diesem Kapitel sollen noch einmal die wesentlichen Gefahren, die von den einzelnen Arbeitsschritten ausgehen, zusammengefasst werden. Und es sind Maßnahmen beschrieben, die auf einfache und effektive Weise das Gefahrenpotenzial für den Imker minimieren können.

Angepasste Kleidung beim Umgang mit heißen Flüssigkeiten

Grundsätzlich gilt: Optimale Kleidung schützt!

SCHUTZBRILLE

Dieser Punkt steht bewusst an erster Stelle. Wir haben nur zwei Augen, und die sind zudem besonders empfindlich. Ein Spritzer von heißem Wachs oder einer Säure kann ein Auge extrem schädigen. Eine Schutzbrille hingegen ist einfach zu tragen, kostet nicht viel und ist der effektivste Schutz für die Augen. Es ist schlichtweg Dummheit, auf diesen einfachen Schutz zu verzichten. Es gibt einen weiteren nicht zu unterschätzenden Grund, eine Schutzbrille zu tragen: Das Aufsetzen der Brille ist sowohl für den Brillenträger als auch für etwaig umherstehende Dritte ein Zeichen für eine latente Gefahr, was sich automatisch auf die Konzentration und die Vorsicht aller Anwesenden auswirkt.[60] Schützen Sie daher nicht nur sich, sondern auch interessierte Dritte, indem Sie ihnen eine Schutzbrille anbieten.

60 Probieren Sie es aus: Stellen Sie sich eine Situation vor, in der Sie interessierten Menschen z. B. das Mittelwand-Gießen erklären. Sobald Sie eine Schutzbrille aufsetzen, werden die Anwesenden einen Schritt nach hinten treten.

VERHALTEN IM FALLE EINES UNFALLS

Verhalten bei Verbrennungen und Verbrühungen

Bei Verbrühungen die betroffene Kleidung sofort vorsichtig entfernen. Kühlen Sie den Hautbereich nur, wenn er nicht größer als Ihr Handteller ist und nur für max. 10 Minuten mit handwarmem Wasser. Bei größeren Brandwunden [64] nicht kühlen und Notruf (112) absetzen! Nutzen Sie keine Brandcremes oder Wundverbände.
Ab Verbrennungen zweiten Grades (Blasenbildung) sollte in jedem Fall ein Arzt aufgesucht werden. Fahren Sie aufgrund akuter Schockgefahr nicht mehr mit dem Auto und bleiben Sie nach Möglichkeit nicht alleine.

Verhalten bei Verätzungen

Bei Kontakt von Haut mit Säure muss die Säure sofort mit viel Wasser verdünnt werden. Selbst kleine Mengen an verschütteter oder verspritzter Säure müssen mit viel Wasser abgespült werden. Entfernen Sie Kleidung, wenn diese mit Säure verschmutzt ist, sofort. Ist die Haut durch die Säure gerötet oder gar verletzt, sollte ein Arzt aufgesucht werden. Bei großflächigen Verätzungen Notruf (112) absetzen.
Gleiches gilt für die Augen: Schon beim Verdacht, dass Säure in die Augen gelangt ist, müssen die Augen sofort und lange mit viel Wasser gespült werden. Hilfreich sind bereitgestellte Augenwaschflaschen,[61] die in jedem Haushalt vorhanden sein sollten. Holen Sie sich Hilfe beim Ausspülen der Augen, da sich unsere Augen beim Spülen reflexartig schließen.[62] Die Augen müssen notfalls mit sanfter Gewalt von Dritten geöffnet bzw. offen gehalten werden.
Suchen Sie anschließend einen Augenarzt auf.

61 Augenwaschflaschen gibt es auch mit fertiger Waschlösung in der Apotheke. Diese müssen vor Arbeitsbeginn nicht mit Wasser gefüllt werden, sondern sind sofort einsatzbereit. Allerdings ist hierbei regelmäßig auf das Verfallsdatum zu achten.

62 Es ist hilfreich, wenn eine Augenwaschflasche schon einmal zu Testzwecken ausprobiert wurde. Das senkt im Notfall die Hemmungen, diese auch richtig anzuwenden.

ARME UND BEINE BEDECKEN

Bedeckte Haut ist sehr viel schwieriger zu schädigen als nackte Haut. Daher schützen langärmelige Oberteile und lange Hosen vor Verbrennungen. Auch wenn das im Hochsommer vielleicht etwas unangenehm ist, verzichten Sie nicht darauf. Dafür schmeckt das Feierabend-Bier im Anschluss(!) umso besser.

GESCHLOSSENE, FESTE SCHUHE

Gleiches gilt für geeignete Schuhe, die nicht nur die Füße bedecken, sondern auch einen sicheren Stand und das schnelle Reagieren auf plötzliche Gefahrensituationen ermöglichen. Wenn einmal etwas Wachs überschwappt, kann man mit festem Schuhwerk besser zur Seite springen als mit Flipflops.

HANDSCHUHE

Je nach Arbeitsschritt sind geeignete Handschuhe zu wählen, um die Hände vor Chemikalien, aber auch vor Hitze und nicht zuletzt vor Schmutz zu schützen. Ein guter Schutz beim Arbeiten mit Dampf sind z. B. einfache Arbeitshandschuhe aus Leder.
Beim Arbeiten mit Säuren sind säurefeste Handschuhe notwendig. Verwenden Sie diese Handschuhe für keine anderen Arbeiten. Spülen Sie die Handschuhe nach dem Arbeiten mit viel Wasser ab.

ARBEITEN MIT HEISSEN GEGENSTÄNDEN

Wachs wird zum Verarbeiten immer wieder erhitzt. Nicht nur das Wachs ist dabei heiß, auch die Töpfe und das in Kontakt stehende Material bergen die Gefahr, sich zu verbrennen. Hinzu kommt der Wasserdampf mit einer enorm hohen Wärmekapazität, sodass

Schutzhandschuhe und bedeckte Arme und Beine verhindern Verletzungen.

man sich damit sehr leicht und heftig verbrühen kann.

- Machen Sie sich bewusst, welche Teile während Ihrer Arbeit heiß sind.
- Denken Sie daran, dass sich unter einem Deckel Wasserdampf befinden kann, der beim Öffnen nach oben entweicht. Daher einen heißen Topf erst leicht, dann ganz öffnen und immer von der Seite in den Topf schauen.
- Beim Rühren oder Umgießen von Flüssigkeiten vorsichtig (aber nicht ängstlich) arbeiten.
- Planen Sie gedanklich jeden Schritt voraus, stellen Sie Töpfe und Arbeitsmaterial vorab bereit, sodass die Arbeitswege möglichst kurz und sicher sind.

WACHS KANN BRENNEN!

Bei den hier beschriebenen Arbeitsschritten wird unser Bienenwachs nicht überhitzen. Dadurch ist die Gefahr, dass sich Wachs entzündet, recht gering. Dennoch sollte man sich gedanklich mit der Möglichkeit eines Wachsbrandes befassen.

- Wachs niemals mit einer offenen Flamme (Gasbrenner) erhitzen!
- Wachsbrände (Brandklasse B) vorzugsweise mit Kohlendioxid löschen.
- Keine Branddecken verwenden.

Einen entsprechenden, kleinen Kohlendioxid- oder AB(C)-Löscher sollte - unabhängig von den imkerlichen Arbeiten - in einem Haushalt nicht fehlen. Beim Arbeiten mit heißem Wachs sollte dieser zudem in Griffweite sein.

GLOSSAR

Biosynthese von Fettsäuren und Alkanen Fettsäuren werden in den Körperzellen aus Acetyl-Einheiten mit je zwei C-Atomen aufgebaut und besitzen entsprechend eine gerade Anzahl von C-Atomen. Die C_{16}-Palmitinsäure stellt bei der Fettsäure-Synthese ein Zwischenprodukt dar, das an unterschiedlichen Orten im Körper weiterreagieren kann. Zum einen kann sie verestert werden (also mit Alkohol reagieren); zum anderen kann die Kohlenwasserstoff-Kette der Palmitinsäure zu Wachssäuren verlängert werden, die auch im Bienenwachs zu finden sind. Alkane hingegen werden aus Fettsäuren in mehreren Schritten durch eine Decarboxylierung (Reduzierung um ein C-Atom) gebildet und besitzen daher überwiegend eine ungerade Anzahl von C-Atomen.

Inch oder Zoll Im Vergleich zu der metrischen SI-Einheit ist das heute noch gebräuchliche Inch (in) bei sehr kleinen Abmessungen relativ grob, weshalb Inch- oder Zoll-Angaben oftmals ungenau sind. Bei der Beschreibung einer Bienenwabe ist dieses Längenmaß jedoch hilfreich, da Bienenwaben natürlichen Schwankungen unterliegen, die quasi mit der Zoll-Einheit abgedeckt werden.

Isotropie versus Anisotropie Eine Struktur ohne eine bevorzugte Ausrichtung wird isotrop genannt. Bienenwachs besitzt mit Ausnahme der frisch ausgeschwitzten Wachsplättchen eine solche ungeordnete Struktur. Im Wachs liegen die einzelnen Moleküle „kreuz und quer", also isotrop vor. Dadurch ist es sehr gut formbar.

Naturstoff versus Naturprodukt Naturstoffe sind Verbindungen, die in der Natur von Pflanzen und Tieren produziert oder abgesondert werden. Naturprodukte hingegen sind oftmals komplexe organische Materialien, die in der Natur in mehr oder weniger gleichbleibender Zusammensetzung vorkommen. So zählt Bienenwachs zu den Naturprodukten, während die einzelnen Substanzen im Bienenwachs zu den Naturstoffen zählen.

Pestizide sind Mittel zum Abtöten von Schädlingen, insbesondere um Nutzpflanzen zu schützen. Zu ihnen gehören die Herbizide (Pflanzenvernichter), Insektizide (Insektenvernichter) und Alkarizide (Milbenvernichter). Die Gruppe der Neonicotinoide zählt zu den Insektiziden.

Phase räumlicher Bereich innerhalb eines Stoffgemenges mit gleichen physikalischen und chemischen Eigenschaften. Dieser homogene Bereich wird von Phasengrenzflächen eingeschlossen.

Säuren sind chemische Substanzen, die in Lösungsmitteln Protonen abgeben können. Die Stärke einer Säure wird über den pK_S-Wert definiert. Je kleiner der pK_S ist, umso stärker ist die Säure. Eine Differenz des pK_S-Wertes von 1 entspricht dem Faktor 10 der Säurestärke. Daher ist der Wechsel von einer schwächeren zu einer stärkeren Säure deutlich effektiver als die Konzentration einer gegebenen Säure zu erhöhen. Säuren mit zwei Säuregruppen wie die Oxalsäure, eine Dicarbonsäure, besitzen zwei pK_S-Werte.

Seifen sind im chemischen Sinne Salze der Carbonsäuren. Die Carbonsäure liegt dabei als Anion vor. Das Gegenion wird durch ein positives Metall-Ion, z. B. Calcium, Natrium (Kernseifen) oder Kalium (Schmierseifen), gebildet.

Synthetisches oder veganes Bienenwachs ist ein industriell hergestelltes Wachs (CAS 71243-51-1), dessen Zusammensetzung lediglich an das Original angelehnt ist und das nicht mit echtem Bienenwachs (CAS 8021-89-3) verwechselt werden darf. Ebenso wie Mikrokristallines Wachs (cera microcristallina, CAS 63231-60-7) – ein chemisch modifiziertes Abfallprodukt bei der Erdölverarbeitung, das als E905 bedingt auch für Lebensmittel eingesetzt werden darf – hat keiner dieser Stoffe etwas mit Bienenwachs gemein und darf nicht in den imkerlichen Wachskreislauf gelangen.

Wärmekapazität, spezifische die Energiemenge, die aufgewendet werden muss, um eine bestimmte Menge des Stoffes um ein Grad Celsius zu erwärmen. Die Wärmekapazität dieses Stoffes ist relativ konstant. Beim Wechsel vom festen zum flüssigen Aggregatzustand kann sie sich jedoch deutlich ändern. Die Moleküle des Stoffes nehmen dabei zusätzliche Schwingungs-Energie auf, die dann nicht zur Erwärmung des Stoffes zur Verfügung steht. Entsprechend bedarf es in dieser Situation mehr Energie, um den Stoff zu erwärmen.

Zankschicht (oder Streitschicht) Beim Handeln von Bienenwachs wurde seit jeher zur Festlegung des Preises um Gewicht und Qualität des Wachses gefeilscht. Die zumeist gräuliche Schicht, die sich beim Reinigen des Wachses an der Unterseite der Wachsblöcke absetzt, war dabei häufig Grund für Streit und Zankereien zwischen Imkern und Händlern.

REGISTER

LITERATUR

Das Literaturverzeichnis befindet sich in der hinteren Umschlagklappe.

BILDNACHWEIS

83 Fotos wurden für dieses Buch von Anna Auerbach / Kosmos aufgenommen. Weitere Fotos aus dem Archiv der Schwetzinger Zeitung (S. 5) und von Dr. Matthias Schlörholz (S. 42, 50, 51, 53, 60, 74, 79, 80, 81).

Alle Grafiken von Dr. Matthias Schlörholz, bis auf S. 41: von Karsten Elze aus Pohl, 1 × 1 des Imkerns, Kosmos 2017.

IMPRESSUM

Umschlaggestaltung von Claudia Adam, Grafik Design, Bad Kreuznach, unter Verwendung von vier Farbfotos von Anna Auerbach / Kosmos.

Mit 97 Farbfotos und 48 Farbgrafiken.

Gedruckt auf chlorfrei gebleichtem Papier

ISBN 978-3-440-17400-5
Redaktion: Katja Pauls
Gestaltungskonzept: Peter Schmidt Group GmbH, Hamburg
Gestaltung und Satz: Katrin Kleinschrot, Stuttgart
Produktion: Carolin Wacker
Druck und Bindung: Westermann Druck Zwickau GmbH, Zwickau
Printed in Germany / Imprimé en Allemagne

FSC
www.fsc.org
MIX
Papier | Fördert gute Waldnutzung
FSC® C110508